U0338631

　　本书是广东省普通高校人文社会科学省市共建重点研究基地、理论粤军·广东地方特色文化研究基地—客家文化研究基地、广东省非物质文化遗产研究基地、粤台客家文化传承与发展协同创新中心、嘉应学院客家研究院 2014 年度及 2017 年度特别委托课题"梅县区西阳镇鲤溪村调查"（课题编号：514E1708）和"梅江区长沙镇小密村调查"（课题编号：517E0208）的共同研究成果。

本丛书出版得到以下研究机构和项目经费资助：

嘉应学院客家研究院

梅州市客家研究院

广东省特色重点学科"客家学"建设经费

嘉应学院第五轮重点学科"中国史"建设经费

广东省客家文化研究基地—嘉应学院客家研究院

广东省非物质文化遗产研究基地—嘉应学院客家研究院

理论粤军·广东地方特色文化研究基地—客家文化研究基地

广东省普通高校人文社会科学省市共建重点研究基地—嘉应学院客家研究院

客家学研究丛书

第五辑

朝·昼·夜

客都饮食、语言与民间故事

罗鑫 著

暨南大学出版社

JINAN UNIVERSITY PRESS

中国·广州

图书在版编目（CIP）数据

朝·昼·夜：客都饮食、语言与民间故事 / 罗鑫著．—广州：暨南大学出版社，2021.12

（客家学研究丛书．第五辑）

ISBN 978 - 7 - 5668 - 3265 - 8

Ⅰ．①朝⋯　Ⅱ．①罗⋯　Ⅲ．①客家人—饮食—文化—研究—梅州　Ⅳ．①TS971.2

中国版本图书馆 CIP 数据核字（2021）第 273807 号

朝·昼·夜——客都饮食、语言与民间故事

ZHAO·ZHOU·YE——KEDU YINSHI YUYAN YU MINJIAN GUSHI

著　者：罗　鑫

··

出 版 人：张晋升
策划编辑：杜小陆
责任编辑：曾小利
责任校对：刘舜怡
责任印制：周一丹　郑玉婷

出版发行：暨南大学出版社（510630）
电　　话：总编室（8620）85221601
　　　　　营销部（8620）85225284　85228291　85228292　85226712
传　　真：（8620）85221583（办公室）　　85223774（营销部）
网　　址：http://www.jnupress.com
排　　版：广州良弓广告有限公司
印　　刷：佛山市浩文彩色印刷有限公司
开　　本：787mm×960mm　1/16
印　　张：9.5
字　　数：160 千
版　　次：2021 年 12 月第 1 版
印　　次：2021 年 12 月第 1 次
定　　价：49.80 元

总　序

客家文化以其语言、民俗、音乐、建筑等方面的独特性，尤其是客家人在海内外社会经济发展中的突出贡献，引起了历史学、人类学、民俗学和语言学等诸多学科领域内学者的关注。而随着西方人文学科理论和研究方法在 20 世纪初传入我国，客家历史与文化研究也逐渐进入科学规范的研究行列，并相继出现了一批具有开创性的研究成果。1933 年，罗香林《客家研究导论》的出版，标志着客家研究进入了现代学术研究的范畴。20 世纪 80 年代以来，著作、论文等研究成果的推陈出新，也在呼吁学界能够设立专门的学科并规范客家研究的科学范式。

作为国内较早成立的专门从事客家研究的机构，嘉应学院客家研究院用二十五载的岁月，换来了客家研究成果在数量上空前的增长，率先成为客家学研究的重要阵地，也引起了国内外学术界的高度关注。但若从质的维度来看，当前的客家研究还面临一系列有待思考及解决的问题：客家学研究的主题有哪些？哪些有意义，哪些纯粹是臆测？这些主题产生的背景是什么？它们是如何通过社会与历史的双重作用，而产生某些政治、经济乃至文化权力的诉求与争议的？当代客家研究如何紧密结合地方社会发展的需要，又如何与国内外其他学科对话与交流？诸如此类的疑惑，需要从理论探索、田野实践和学科交叉等层面努力，以理论对话和案例实证作为手段，真正实现跨区域和多学科的协同创新。

一、触前沿：客家学研究的理论探索

当前的客家学研究主要分布在人文社会科学的诸多学科范围之内，所以开展卓有成效的客家研究自然需要敢于接触不同学科领域的学术理论。比如，社会学科先后出现过福柯的权力理论、布尔迪厄的实践理论、吉登斯的结构化理论、鲍曼的风险社会理论、哈贝马斯的沟通行动理论、卢曼的系统理论、科尔曼的理性选择理论和亚历山大的文化社会学理论。[①] 社

---

① DEMEULENAERE P. Analytical sociology and social mechanisms. Cambridge：Cambridge University Press，2011.

会科学研究经常需要涉及的热点议题，在客家研究中同样不可回避，比如社会资本、新阶层、互联网、公共领域、情感与身体、时间与空间、社会转型和世界主义。[①] 再比如，社会学关于移民研究的推拉理论、人类学对族群研究的认同与边界理论以及社会转型与文化变迁的机制，都可以具体应用到客家研究上，并形成理论对话而提升客家研究的高度。在研究方法上，人文社会科学提倡的建模、机制与话语分析、文化与理论自觉等前沿手段，[②] 都可以遵循"拿来主义"的原则为客家研究所用。

可以说，客家研究要上升为独具特色的独立学科，首先要解决的便是理论对话和科学研究的范式问题。客家学作为一门融会了众多社会人文学科的综合性学科，既不是客家史，也不是客家地区政治、经济、文化等内容的汇编或整合，而是一门以民族学基础理论为基础，又比民族学具有更多独特特征、丰富内容的学科。[③] 不可否认的是，客家研究具有自身独特的学术传统，但要形成自身的理论构架和研究方法，若离开历史学、文献学、考古学、人类学、语言学、社会学、民俗学等诸多学科理论的支撑，显然就是痴人说梦。要在这方面取得成绩，则非要长期冷静、刻苦、踏实、认真潜心研究不可。如若神不守舍、心动意摇，就会跑调走板、贻笑大方。在不少人汲汲于功名、切切于利益、念念于职位的当今，专注于客家研究的我们似乎有些另类。不过，不管是学者应有的社会良知与独立人格，还是人文学科秉持的历史责任与独立思考的精神，都激励我们坚持实事求是的原则，在触碰前沿理论上不断探索，以积累学科发展所需的坚实理论。

要做到这一点，就得潜下心来大量阅读国内外学术名著，了解前沿理论的学术进路和迁移运用，使客家研究能够进入国际学术研究对话的行列。

二、接地气：客家研究的田野工作

学科发展需要理论的建设与支撑，更离不开学科研究对象的深入和扩展，而进入客家人生活的区域开展田野工作，借助从书斋到田野再回到书斋的螺旋式上升的研究路径，客家研究才能做到"既仰望星空又能接地

---

① TURNER J H ed. Handbook of sociological theory. New York：Kluwer Academic Publishers，2001.

② JACCARD J & JACOBY J. Theory construction and model-building skills. New York：Guilford Press，2010.

③ 吴泽：《建立客家学刍议》，载吴泽主编，《客家学研究》编辑委员会编：《客家学研究》（第2辑），上海：上海人民出版社，1990年。

气",才能厚积薄发。

人类学推崇的田野工作要求研究者通过田野方法收集经验材料的主体,客观描述所发现的任何事情并分析发现结果。① 田野工作的目标要界定并收集到自己足以真正控制严格的经验材料,所以需要充分发挥参与观察、深度访谈和问卷调查的手段。从学科建设和学科发展的角度,客家族群的分布和文化多元特征,决定了客家研究对田野调查的依赖性。这就要求研究者深入客家乡村聚落,采用参与观察、个别访谈、开座谈会、问卷调查等方法调查客家民俗节庆、方言、歌谣等,收集有关客家地区民间历史与文化丰富性及多样性的资料。

而在客家文献资料采集方面,田野工作的精神同样适用。一方面,文献资料可以增加研究者对客家文化的理解,还可以对研究者的学术敏感和问题意识产生积极影响;另一方面,田野工作既增加了文献资料的来源,又能提供给研究者重要的历史感和文化体验,也使得文献的解读可以更加符合地方社会的历史与现实。譬如,到图书馆、档案馆等公藏机构及民间广泛收集对客家文化、客家音乐、客家方言等有所记载的正史、地方志、文集、族谱及已有的研究成果等。田野调查需要入村进户,因此从具有深厚文化传统的客家古村落入手,无疑可以取得事半功倍的效果。

在客家地区开展田野调查,需要点面结合才能形成质量上乘的多点民族志。20 世纪 90 年代,法国人类学家劳格文与广东嘉应大学(2000 年改名为嘉应学院)、韶关大学(2000 年改名为韶关学院)、福建省社会科学院、赣南师范学院、赣州市博物馆等单位合作,开展"客家传统社会"的系列研究。他在长达十多年的时间里,辗转于粤东、闽西、赣南、粤北等地,深入乡镇村落,从事客家文化的田野调查。到 2006 年,这些田野调查的成果汇集出版了总计 30 余册的"客家传统社会"丛书,不仅集中地描述客家地区传统民俗与经济,还具体地描述了传统宗族社会的形成、发展和具体运作及其社会影响。

2013 年以来,嘉应学院客家研究院选择了多个历史悠久、文化底蕴深厚的古村落,以研究项目的形式开展田野作业,要求研究人员采用参与观察、深度访谈、文献追踪等方法,对村落居民的源流、宗族、民间信仰、习俗等民间社会与文化的形成与变迁进行深入的分析和研究,形成对乡村

① 托马斯·许兰德·埃里克森著,周云水、吴攀龙、陈靖云译:《什么是人类学》,北京:北京大学出版社,2013 年,第 65 - 67 页。

聚落历史文化发展与变迁的总体认识。在对客家地区文化进行个案分析与研究的基础上，再进行跨区域、跨族群的文化比较研究，揭示客家文化的区域特征，进而梳理客家社会变迁和文化发展过程。

闽粤赣是客家聚居的核心区域，很多风俗习惯都能够找到相似的元素。就每年的元宵习俗而言，江西赣州宁都有添丁炮、石城有灯彩，而到了广东的兴宁市和河源市和平县，这一习俗则演变为"响丁"，花灯也成了寄托客家民众淳朴愿望的符号。所以，要弄清楚相似的客家习俗背后有何不同的行动逻辑，就必须用跨区域的视角来分析。这一源自田野的事例足以表明田野调查对客家学研究的重要性。

无论是主张客家学学科建设应包括客家历史学、客家方言学、客家家族文化、客家文艺、客家风俗礼仪文化、客家食疗文化、客家宗教文化、华侨文化等，① 还是认为客家学的学科体系要由客家学导论、客家民系学、客家历史学、客家方言学、客家文化人类学、客家民俗学、客家民间文学、客家学研究发展史八个科目为基础来构建，② 客家研究都无法回避研究对象的固有特征——客家人的迁徙流动而导致的文化离散性，所以在田野调查时更强调追踪研究和村落回访③。只有夯实田野工作的存量，文献资料的采集才可能有溢出其增量的效益。

三、求创新：客家研究的学科交叉

学问的创新本不是一件易事，需要独上高楼，不怕衣带渐宽，耐得住孤独寂寞，一往无前地上下求索。客家研究更是如此，研究者需要甘居边缘、乐于淡泊、自守宁静的治学态度——默默地做自己感兴趣的学问，与两三同好商量旧学、切磋疑义、增益新知。

客家研究要创新，就需要综合历史学、人类学、语言学、音乐学、社会学等学科理论和方法，对客家民俗、客家方言、客家音乐等进行综合分析和研究，以学科交叉合作的研究方式，形成对客家族群全面的、客观的总体认识。

客家族群作为中华民族共同体的一个重要支系，在其形成和发展过程

---

① 张应斌：《21 世纪的客家研究——关于客家学的理论建构》，《嘉应大学学报》，1996 年第 4 期。

② 凌双匡：《建立客家学的构想》，《客家大观园》，1994 年创刊号。

③ 康拉德·菲利普·科塔克著，周云水译：《文化人类学——欣赏文化差异》，北京：中国人民大学出版社，2012 年，第 457–459 页。

中融合多个山区民族的文化，形成独具特色的文化体系。建立客家学学科，科学地揭示客家族群的个性和特殊性，可以加深和丰富对中华民族的认识。用客家人独特的历史、民俗、方言、音乐等本土素材，形成客家学体系并进一步建构客家学学科，将有助于促进中国人文社会科学本土化的发展，从而为中国人文社会科学的发展和繁荣作出应有的贡献。客家人遍布海内外80多个国家和地区，客家华侨华人1 000余万，每年召开一次世界性的客属恳亲大会，在全世界华人中具有重要影响。粤东梅州是全国四大侨乡之一，历史遗存颇多，文化积淀深厚，华侨成为影响客家社会历史和文化发展的重要因素。建立客家学学科，将进一步拓宽华侨华人研究领域，有助于华侨华人与侨乡研究的深入发展。

在当前客家学研究成果积淀日益丰厚、客家研究日益受到社会各界重视的情况下，总结以往研究成果，形成客家学学科理论和方法，构建客家学学科体系，成为目前客家学界非常紧迫而又十分重要的任务。

嘉应学院客家研究院敢啃硬骨头，在总结以往研究成果的基础上，完成目前学科建设条件已初步具备的客家文化学、客家语言文字学、客家音乐学等的论证和编纂，初步建构客家学体系的分支学科。具体而言，客家文化学探讨客家文化的历史、现状和未来并揭示其发生、发展规律，分析客家族群的物质文化、制度文化和精神文化的产生、发展过程及其特征。客家语言文字学探讨客家方言的语音、词汇、语法、文字等的特征，展示客家语言文字的具体内容及其社会意义。客家音乐学探讨客家山歌、汉剧、舞蹈等的发生、发展及其特征，揭示客家音乐的具体内容和社会意义。

客家族群是汉民族的一个支系，研究时既要注意到汉文化、中华文化的普遍性，又要注意到客家文化的独特性，体现客家文化多元一体的属性。客家学研究的对象，决定客家学是一门融合历史学、民俗学、方言学、音乐学、社会学等众多社会人文学科的综合性学科。如何形成跨学科的客家学研究理论与方法，是客家研究必须突破的重要问题。唯有明确客家学研究的基本概念、理论和方法，并通过广泛的田野调查和深入的个案研究，广泛收集关于客家文化、客家方言、客家音乐等各种资料，从多角度进行学科交义合作的分析和研究，才能实现创新和发展。

嘉应学院地处海内外最大的客家人聚居地，具有开展客家学研究得天独厚的地缘优势。1989年，嘉应学院的前身嘉应大学率先在全国建立了专门性的校级客家研究机构——客家研究所。2006年4月，以客家研究所为

005

基础，组建了嘉应学院客家研究院、梅州市客家研究院。因研究成果突出、社会影响大，2006 年 11 月，客家研究院被广东省社会科学界联合会评为"广东省客家文化研究基地"；2007 年 6 月，被广东省教育厅评为"广东省普通高校人文社会科学省市共建重点研究基地"。之后其又被广东省委宣传部、广东省社会科学院评为"广东地方特色文化研究基地——客家文化研究基地"，被广东省文化厅评为"广东省非物质文化遗产研究基地"，被广东省教育厅评为"广东省粤台客家文化传承与发展协同创新中心"；还经国家民政部门批准，在国家一级学会"中国人类学民族学研究会"下成立了"客家学专业委员会"。

2009 年 8 月，在昆明召开的第 16 届国际人类学大会上，客家研究院成功组织"解读客家历史与文化：文化人类学的视野"专题研讨会，初步奠定了客家研究国际化的基础。2012 年 12 月，客家研究院召开了"客家文化多样性与客家学理论体系建构国际学术研究会"，基本确立了客家学学科建设的基本途径和主要方法。另外，1990 年以来，嘉应学院客家研究院坚持每年出版两期《客家研究辑刊》（现已出版 45 期），不仅刊载具有理论对话和新视角的论文，也为未经雕琢的田野报告提供发表和交流的平台。自 1994 年以来，客家研究院承担国家社会科学基金项目 2 项，广东省哲学社会科学规划项目等 20 余项，出版《客家源流探奥》① 等著作 50 余部，其中江理达等的著作《兴宁市总体发展战略规划研究》② 获广东省哲学社会科学优秀成果一等奖，肖文评的专著《白堠乡的故事——地域史脉络下的乡村建构》③ 获广东省哲学社会科学优秀成果二等奖，房学嘉的专著《粤东客家生态与民俗研究》④ 获广东省哲学社会科学优秀成果三等奖。深厚的研究成果积淀，为客家学学科建设奠定了坚实的理论基础。经过几代人的不懈努力，嘉应学院的客家研究已经具备了在国际学术圈交流的能力，这离不开多学科理论对话的实践和田野调查经验的积累。

客家学研究丛书的出版，既是客家研究在前述立足田野与理论对话"俯仰之间"兼顾理论与实践的继续前行，也是嘉应学院客家学研究朝着国际化目标迈出的坚实步伐。"星星之火，可以燎原"，这套丛书包括学术

① 房学嘉：《客家源流探奥》，广州：广东高等教育出版社，1994 年。

② 江理达等主编：《兴宁市总体发展战略规划研究》，广州：广东教育出版社，2009 年。

③ 肖文评：《白堠乡的故事——地域史脉络下的乡村建构》，北京：生活·读书·新知三联书店，2011 年。

④ 房学嘉：《粤东客家生态与民俗研究》，广州：华南理工大学出版社，2008 年。

研究专著、田野调查报告、教材、译著、资料整理等，体现了客家学学科建设的不同学术旨趣和理论关怀。古人云，"不积跬步，无以至千里；不积小流，无以成江海"，我们愿意从点滴做起。希望丛书的出版，能引起国内外客家学界对客家学学科体系建设的关注，促进客家学研究的科学化发展。

编　者

2014 年 8 月 30 日

前　言

　　翻阅 1949 年以前的客家史料，很难发现专门研究客家饮食文化的内容，尤其是关于食物语言学方面的论述，近乎凤毛麟角。例如，在清代中后期黄香铁撰写的《石窟一征》（1853 年）中，只存在"俗好食鱼生""士风亦多好食猫者""俗妇人产后月内，必以雄鸡炒姜酒食之"等零星的记载，而且统归于卷四"礼俗"之中。清末赖际熙主编的《崇正同人系谱》（1921 年）提及饮食时，与《石窟一征》记载的做法并无二致，甚至照搬了不少字句。延至民国客家学集大成者罗香林的《客家研究导论》（1933 年）问世，也未见有"客家的饮食"这样的章节。

　　究其因，首先是近代客家研究的核心诉求是"追本溯源"，其出发点是尽快获得全社会尤其是政界、学界对客家人系出中原的身份认同。饮食作为最基本的生理需求，似乎很难与活跃于精神世界、驰骋在思辨空间的文化联系起来——至少对中国传统知识分子而言莫不是如此。换言之，旧时的知识分子不太愿意将饮食视为文化的一部分，遑论视其为"中原正统"的依据，正所谓"君子远庖厨"也。另外，历史上的客家地区普遍经济欠发达，黎民百姓每日能得温饱已是大幸，其饮食与其他地区相比，实在看不出什么特别有"文化"之处，所以也就一直被客籍知识分子忽略。本地的文化精英尚且不重视，外来的学者、传教士更不知"客家饮食文化"为何物。这种情况，从清末一直持续到 20 世纪 90 年代中叶。

　　实际上，客家饮食真正走上文化研究之路是非常晚近的事，不过二三十年的历史。以笔者管见，就著作而言，王增能的《客家饮食文化》（1995 年）当为现代客家饮食研究之嚆矢。该书侧重描述黄酒、擂茶、米粄等极具客家特色的元素，通过饮食探讨客家人的生活条件、生存环境以及由此形成的族群性格，借由饮食透视客家人的价值取向、道德理念，最终厘清客家文化和中原文化的关系。《客家饮食义化》出版数年之后，也就是到了 21 世纪，"客家饮食文化"才真正迎来被研究、被宣扬的春天。

　　笔者个人认为比较有代表性和社会影响力较大的著述有：

　　（1）张展鸿的论文《客家菜馆与社会变迁》（2001 年）关注全球化浪

潮下客家传统食品的生产加工问题。此文以客家饮食为对象开展饮食民族志的研究，从客家菜馆的历史变迁分析香港人生活方式的变化，提出食物隐喻文化的自我解释和族群认同的观点。

（2）由韩国文智成领衔编著的《현대 중국의 객가인，객가문화》（《现代中国的客家人，客家文化》）（2005年）中第五章"객가음식"（客家饮食）不过数十页的篇幅，但视角颇为全面，没有对客家饮食文化一概而论，而是在时间上区分平素、宴请、岁时，在空间上隔别赣南、闽西、粤东。该书还有一大特点，就是在介绍客家特色菜肴的时候，不忘结合客家的俗言谚语，以探寻客家饮食形成的历史背景和民俗心理。

（3）王泽巍的论文《客家饮食文化特色分析》（2006年）总结了客家饮食文化的特色，提出客家饮食不能一味迎合大众口味，而应该保存自我特色。

（4）黎章春的专著《客家味道——客家饮食文化研究》（2008年）从民俗、禁忌、传承与创新等多个角度对客家饮食文化的形成和历史发展脉络作了一定程度的探究和梳理。该书重点介绍客家菜、茶、酒、主食等方面的文化，提出21世纪客家饮食文化发展的思路和具体对策。

（5）李冰的论文《论客家饮食文化的地理环境背景》（2009年）论述了地理环境对客家饮食文化特点形成的影响，认为客家饮食文化在新时代背景下应当保持特色，坚持生态性、涵摄性，走可持续发展之路。

（6）陈纪临、方晓岚的《追源·寻根：客家菜》（2011年）是一部偏实用，兼具故事性的客家饮食著作。该书集粤、港、台地区以及东南亚各地客家菜之精华，重新演绎客家传统名菜，使之适合现代家居生活。

（7）严利强、张聪、袁新宇等人的论文《成都东山客家饮食文化研究》（2012年）系统整理了东山客家饮食文化的历史渊源、形成原因及特点，还列表将其与川菜、粤菜进行了对比。

（8）程金生、邹浩远主编的《客家养生药膳》（2014年）以实用性为主、知识性为辅，将客家地区常见的药食根据性味、功能、特点等进行科学配伍，详细介绍每道菜品、汤食的配方、营养价值、养生效果等，充分展现客家饮食"医食同源"的理念。

（9）饶原生著、扬眉绘的《靠山吃山：大山窖藏的客家味道》（2014年）立足岭南文化圈，以图文并茂、生动有趣的形式，分"溯源""肉食""粄食""药食""饮酌""技艺""名流""地标"八大章节挖掘客家饮食的历史。

（10）黄映琼的论文《客家方言饮食熟语中的饮食文化》（2014年）

是一篇难得的食物语言学、语言文化学方面的佳作。该文指出，客家人创造了大量与"食"相关的熟语，这些熟语不仅直观地体坝出客家山地的饮食特色，而且体现了客家人对"食"的独到理解和丰富的文化内涵。

（11）王俊义编著的《客家特色菜》（2015 年）是一部实用的客家特色菜烹饪书。该书最大的特点就是提供了比较完整的客家菜的英文对译，为传统客家菜的英译提供了参考。

（12）曾彩金编著的《六堆文化讲义汇编》（2015 年）中第一部第二章从六堆客家菜的源流、演变着手，归纳出台湾六堆客家菜的五大要素——咸、油、香、酸、辣，重点介绍客家的粄食、肉食、小炒、汤品、腌渍品等，强调客家饮食要因地制宜、与时俱进。

（13）刘洋的博士学位论文《语言、饮食与文化认同——以上海客家人为例》（2015 年）站在人类学的角度，从客家人来沪的历史背景着手，侧重上海文化对客家语言、饮食的重大影响，分析在上海的客家人为更好地适应大都会的生活而让步，对客家文化作出调整的心路历程。

（14）林斯瑜的博士学位论文《民以食为天——梅州客家的饮食文化与地方社会》（2015 年)[①] 以通观的学术视野，探讨了梅州客家饮食习俗的存在方式及其社会文化意义。该文通过系统观照梅州客家人的日常饮食、仪式饮食、礼俗饮食和现代的多元饮食，透视饮食文化与客家社会的多重逻辑关系，分析、解释了饮食文化背后的历史传统以及社会文化秩序。

（15）崔亦茹的硕士学位论文《饮食人类学视野下的客家文化建构》（2016 年）放眼赣、闽、粤地区，通过对客家族群建构的历史回顾，分析当代客家人如何通过市场、政府、媒体等不同力量来打造客家饮食文化品牌、树立客家饮食文化形象。

（16）罗迎新的论文《基于人地环境视野下梅州客家饮食食材选配探究》（2017 年）根据实地考察与实证分析的结果，对梅州客家饮食食材的选配、菜肴特色的形成作出详细的说明，突出客家饮食"就地取材""本乡本土""寓医于食"等特点。

（17）Yang Liao、Shaodi He 的 *The Hakka Yong Tau Foo：A Typical Symbol and Identity of Hakka Food Cultural Value in Food-Anthropological Perspective*（2018 年）以客家"酿豆腐"为切入点，站在饮食人类学的视角，探讨客家菜与客家文化构建、客家身份认同的关系。

---

① 此论文已于 2020 年 12 月由暨南大学出版社成册出版，书名为《梅州客家饮食文化研究》。

（18）陈钢文的《客家菜源于中原，不忘本根——论"客家菜吃得有根有据"》（2018年）分多篇在《梅州日报》上连载。陈钢文指出，"粗糙、油腻、肥、咸、烧"不过是客家饮食的一部分，客家饮食文化根在中原，有着深厚的文化底蕴。与此同时，客家菜又因应社会经济发展需求，不断兼收并蓄、推陈出新，形成了独树一帜的菜肴风格。

以上研究对客家饮食文化的贡献不言而喻。综合来看，当然也存在不足，例如：①过于局限或者说偏向于某一区域，比较视野不够宽阔，多以一时一地之饮食为客家饮食文化的全部，有以偏概全之虞。②通俗性、实用性有余，理论性、系统性欠缺。这实际上是饮食文化研究的通病，并非客家饮食文化研究独有的现象。③缺乏语言分析，这方面的研究数量极少。事实上，客家的语言始终贯穿于饮食文化之中，从对食材的取舍、烹饪方法的选择、菜品的呈现到餐桌礼仪等，无处不在。我们甚至可以说，没有客家语言的饮食文化研究是不甚完整的客家饮食文化研究。

因而，本书的意义和价值便在于：在学术上填补客家饮食与语言文化研究的空白。与此同时，注重以灵活的方式将客家饮食文化资源转化为人们喜闻乐见的创意乃至文创产品，帮助客家饮食文化走向更加广袤的市场，实现更大的社会经济价值，为助推乡村振兴的"粤菜师傅工程""客家菜师傅工程"建言献策。此外，笔者还想通过本书为汉语方言的传承与保护提供一种新的参考模式，为国家"语保"项目加油出力。要之，本书不仅是纯粹的理论型研究，更是应用型研究——站在语言人类学、食物语言学的立场，通过对客家饮食文化的梳理和研究，为实现方言保护、促进地方旅游事业发展、助推乡村振兴等多重目标提供不同层面的参考。

本书以梅州的客家饮食为研究对象，这是因为梅州是"世界客都"，梅州的饮食文化具有极大的代表性。

本书的主要内容包括：①部分客家食材、烹饪方法、器皿、菜品等方言词语命名的依据。例如，我们知道（后续也将言及），"酿"是最具客家特色的烹饪方法之一，指的是：将猪肩胛肉、淡水鱼、河虾等剁碎成馅儿，塞入、填充到事先被掏空的豆腐块、苦瓜、灯笼椒等食材的窟窿中，两相完美杂合之后，再煎炸烹煮。实际上，"酿"这种烹饪方法古已有之，意思是"杂合"，和今天客家菜语境下所说的"酿"全然一致。②有关客家饮食的民间传说、故事及其与客家方言的关系。例如，农历三月十九日对于梅县、大埔一带的客家人而言是个非常特别的日子，传说这一天是"太阳生日"，每家每户都要吃"快菜炒面"（韭菜、黄鳝、猪肉丁炒面）。如果不懂客家话，很难理解"太阳生日"的内涵。这道美食的由来，与崇祯的太子朱慈烺随东宫侍读李二何来梅县（时称"程乡"）避难、光复失败的历史密不可分，详见后续章节内容。③客家话和客家饮食心理的交互影响。例如，客家人好吃猪舌，但"舌"有"口舌之争"之嫌，又与"折"同音，遂改称"猪利"（多写作"猪脷"），取"顺利""盈利"之意。探视犯人时带的水果中忌讳有"柑"，一来"柑""监"同音，会令人感到晦气；二来"柑""甘"同音，"甘"在客家话中是反语，表示"强迫"，含有无法脱离的意思。又，"发"在客家话中有文白两读，作为食物，"发粄"的读音现有偏向文读 fǎt bǎn 的趋势，因为白读的"发"即 bǒt，和表示"生病"的"发"谐音。

本书的主标题定为"朝·昼·夜"，这是因为"朝、昼、夜"在客家话中不只是"早上、白天、晚上"的意思，还有"早饭、午饭、晚饭"的含义。在梅州，朋友、同事之间上午见面，头一句话准是"汝食矣朝无"（你吃过早餐了吗）；如果忙到中午一两点才吃午饭，旁人看到了一定会问"若何恁昼食"（怎么这么迟才吃午饭）；要是到了晚上六七点还在单位加班，关心你的人一定会劝你"莫搞忒夜，好先去食夜"（别忙太晚了，先吃晚饭去吧）。

客都人家的"朝"品类丰富，有面、米粉、捆粄、粄皮（相当于潮汕的粿条）、老鼠粄、细饺（相当于广府的云吞）、烧卖、肠粉等，可腌可煮。不管吃什么，也不论怎么吃，汤都是必不可少的。汤有两类，一是煮汤，二是炖汤。煮汤讲究"新新鲜鲜"，主料有猪肉、牛肉，佐以枸杞叶、红背菜、番茄、香菜、咸菜、溪黄草等；炖汤讲究火候，有胡椒猪肚汤、茶树菇汤、田七水鸭汤等。一般而言，"腌面＋煮汤"是客都早餐的标配。

依据传统，"昼"对于客家人而言是一日之中最重要的一餐。因而，客家的婚宴几乎都在中午举行，谓之"食酒"。不过，随着城市化的推进和生活节奏的加快，"食酒"的时间慢慢地转移到了晚上。"食昼"也逐渐变得简单起来，尤其是对繁忙的上班族来说，"食昼"无非就是在公司附近吃个快餐、点个外卖罢了。客都人家的"昼"以饭食为主，比较有名的有梅县区石扇镇的"鱼焖饭"、松口镇的"糙米饭"以及遍布梅江南北的"煲仔饭"。和"朝"类似，食昼有饭必有菜，有菜必有汤（中午喝的一般都是用瓦罐或炖盅炖的汤），如此才算过上了幸福生活，因而老一辈的客家人总不忘念叨："食饭有菜绑，打帮共产党（幸亏有共产党的领导，老百姓才有菜下饭）。"顺便说文解字一下，"绑"的本字是"傍"，民间亦多作"嗙"，意思是搭配、配套。

"夜"是现代人的正餐，客家人亦不例外。客家人"食夜"喜欢围餐，

005

三五亲朋好友欢聚在一起，围成一桌。首先端上桌的，一定是满满的一大碗汤，有五指毛桃龙骨（猪大骨）汤、牛乳树茎汤、黑蒜汤等药膳汤；其次上桌的是咸香四溢、可大快朵颐的鸡鸭鱼肉，有盐焗鸡、卤鸭、酿豆腐、梅菜扣肉、开镬肉丸、蒸雄头（鳙鱼）等；再次上桌的是时蔬青菜，有番薯叶、蕹菜、芥蓝菜、白菜等；最后上桌的是主食，炒的有米粉、面、面粉粄、味酵粄、算盘子等，蒸的有核桃包、笋粄、米饭，煮的则有白粥。待每一个人都酒足饭饱之后，果盘随之奉上，就像电影里的彩蛋一样，标志着晚餐的圆满结束。

吃过晚饭，客家人喜欢继续围坐在一起喝茶，喝得最多的是乌龙茶和绿茶。梅州的乌龙茶以大埔西岩山产的最为有名，有黄枝香、奇兰、赤叶单丛、老树茶等不同香型；兴宁的单丛茶也风味独特。绿茶则以梅县的清凉山绿茶最具代表性，丰顺的马图茶、蕉岭的黄坑茶、平远的"镬乌（锅底）茶"也十分有名。乌龙茶和绿茶都有解腻消食的功效，尤其是后者，梅州人习惯称之为"青汤茶"。青汤茶解腻消食得厉害，客家话叫做"削"——直接把动词当形容词用，生动形象。

等晚饭"削"得差不多了，便到了"食宵夜"的时间。客都宵夜的内容，和早餐差不多，颇有前后呼应的感觉。"醃面 + 煮汤"自然是不少人的最爱，但分量十足的"粄汤""鱼头煮粉"，干香爽口的炒米粉（如梅州江北老城的"侯记炒粉"、松口的"鱼散粉"），香甜嫩滑的"牛乳煮卵"也是很多人的选择。

"朝·昼·夜"不仅代表了当代客都人家传统的饮食生活，而且是客家饮食文化的重要内容。通过本书的介绍，相信广大读者朋友可以对客都饮食文化有一定的了解并产生浓厚的兴趣。倘若还能因为本书而萌发学习客家话的兴趣，那笔者将会感到莫大的欣慰和喜悦。

罗　鑫

2021 年 8 月

目 录
Contents

001

第一章　家常料理

第一节　酿豆腐

"酿"作为一种烹饪手法，古已有之，被誉为我国历史上首部"食经"的《礼记·内则》便有载："鹑羹、鸡羹、鴽，酿之蓼。"这句话的意思是周人喜欢用辛辣的蓼把鹌鹑、雏鸡、小鸟的肉杂合在一起烹制成羹。"酿"在这里，是"杂合"的意思，和今天客家饮食体系中所说的"酿"并无二致，指的正是：将猪肩胛肉、淡水鱼、河虾等剁碎成馅儿，塞入、填充到事先被掏空的豆腐块、苦瓜、灯笼椒等食材的窟窿中，两相完美杂合之后，再煎炸烹煮。

酿菜是客家饮食里的重头戏，口感大都咸香，最为有名的是酿豆腐，尤其是五华县华城镇的酿豆腐，其选料、制作以及吃法都颇为讲究：通常只用嫩滑的石膏豆腐而不用点卤豆腐；肉料则一定要用猪的前胛肉再配以咸鱼、虾米；吃的时候，要把一整块豆腐用生菜包起来吃。

酿豆腐的具体做法是：将粒大饱满、色泽光亮的黄豆用清水浸泡透彻后放进石磨里慢慢磨成浆；豆浆经过滤、煮沸等数道工序后会冷却成型；将豆腐均匀切成块状，或将每一小块斜切成三角形，用筷子或勺子稍微挖空斜切面中间的部位，填入事先准备好的馅料，或直接拿方形的豆腐块来酿；接下来是煮是煎，就看各人的喜好了。手工打磨出来的豆腐，由于韧性较好，酿起来不容易烂，吃起来格外嫩滑，令人无限回味。

除豆腐外，客家人还喜欢酿苦瓜、酿吊菜（茄子）、酿莲茎（莲藕）、酿灯笼椒等，甚至连鱼也可以拿来酿。笔者曾在五华县横陂镇品尝过"酿鱼"，其做法是将淡水活鱼（多用肉质鲜美、骨头较少的"乌溜鲩"，即青鱼或草鱼）宰杀，选其肉质最为丰满柔韧的部位，去掉鳞片、内脏再剔清刺骨之后，填入新鲜的猪肉虾米团子进行烹煮，口感甚是独特。

"酿"所追求的，是一种表里合一、和谐唯美的境界。表者为皮，但不是面粉皮或米浆皮，必须是中间能镂空的食材（荤素皆可，多为素菜），如豆腐、豆干、茄子、香菇、竹笋、莲藕甚至是田螺、活鱼等，都可以做成"皮"；里者为馅儿，馅料不是单一品种的肉泥或蔬菜泥，而是杂合了香菇、虾米、鱿鱼丝、猪肉等丰富食材的"大团圆"，且一般事先炒熟或煎炸过，咸香鲜美。

"酿"的文化内涵，实际就是"让"。让者，谦让、留余地也。以酿豆腐为例，如果两种食材互不相让，就只能做成麻婆豆腐之类的菜肴，纵然可口，但是豆腐的外形没有办法保持，必然在烹煮过程中变得稀烂。此外，任何一道酿菜，共通的特点就是留有空间，即"皮"不能把馅料全部"吃掉"，否则就变成了"包"而不是"酿"了。

尤为耐人寻味的是，"酿"字在客家话中，恰好与"让"的发音一样，都读作 nyiòng。从字形上分析，"酿"的繁体作"釀"，与"让"的繁体"讓"字形相近，共同的声符说明这两个字在古代就是一组同音字，可见客家话保留了古音古义。由此看来，民间饭馆的菜牌上常见的将"酿豆腐"写成"让豆腐"的现象，并不能简单地理解为错别字。

民间有关酿豆腐的传说，恰好也印证了"让"的内涵。以前，猪肉和豆腐都属于贵菜（豆腐素有"植物肉"的别名），传说有两个人相约去饭馆吃饭，一个人想吃整块的豆腐，另一个人想吃整块的肉，但是囊中羞涩，两人手上的钱加起来只够消费其中一道菜。就这样，因为吃豆腐还是吃肉的问题，两人发生了争执，引起了店家的注意。最后还是厨师（据说是五华人）有办法，说只要他俩各让一步，他就能"让"（酿）出一道两全其美、皆大欢喜的菜肴。这就是酿豆腐的由来。

第二节　梅菜扣肉

客家人喜欢反着说话，从成品来看，"梅菜扣肉"应该叫"肉扣梅菜"才贴切。其中，"扣"的意思是覆盖，源于这道菜肴制作过程中的一个动作——将盛有肉的碗倒扣在铺满梅菜的盘子上。也就是说，"扣肉"原本是个动宾短语，但现在很多人都把它当成一个名词来理解，指的是叠块成堆、酱红油亮、绵滑醇香的五花肉。

传统扣肉形粗、量大。一般而言，每块肉至少重一两，有的甚至重三两。客家人之所以喜欢用梅菜搭配五花肉，是因为在烹制过程中，尤其是在最后入锅蒸的环节，梅菜能吸收五花肉的部分油脂，同时其独有的芳香也会充分渗透到肉里，俾使相得益彰、妙不可言。

　　梅菜，即梅干菜，指的是加工晾干后的冬芥菜，以惠州出产的最为有名。梅菜的制作需要经过"三蒸三晒"，即先将芥菜用盐渍，使其水分腌出，然后蒸，蒸好沥干后晾晒，再反复蒸、晒。客家人做出来的梅菜具有不寒、不热、不湿、不燥的"四不"特征，素有"正气菜"之美称，意为性味温和，吃后不会有燥热、湿寒等不适反应。

　　民间传说认为，梅菜扣肉是北宋时期鼎鼎大名的文豪苏东坡被贬谪至岭南客家地区时请厨师效仿江南"东坡肉"发明出来的美食。巧的是，"梅菜扣肉"的"梅"和"梅州"的"梅"一样，其本义都是"霉"（梅菜坊间亦作"霉菜"），皆是化腐朽为神奇、变霉气为正气的杰作。而且，它们都与宋朝的历史息息相关。何出此言？以下对梅州的历史沿革和名称由来的介绍，或许能解开读者心中的疑问。

　　说起梅州的历史，很多人都以为"嘉应"是"梅州"的古称，实际这得看什么朝代而论。站在今天的立场，此观点当然没有什么问题，但若回到150年前的清朝，情况就刚好相反了，"梅州"反而是"嘉应"的古称，而且是非常遥远的古称。

　　这是因为，"嘉应"不过是清雍正十一年至宣统三年（1733—1911）间的梅州——不包括今属梅州市的丰顺、大埔两县，而"梅州"这一地名的历史，可以上溯到北宋开宝四年（971）。在此之前，梅州叫做"敬州"[①]，由后汉高祖刘䶮析潮州而立。

　　无缘无故的为什么要改成"梅州"呢？因为宋太祖赵匡胤的祖父宋翼祖，谥号简恭皇帝的那位，名曰赵敬。皇室历来讲究避讳，随着大宋江山的稳固，如此偏僻的粤东山区岂有继续叫"敬州"的资格？

　　"敬州"被改成"梅州"的原因，历来众说纷纭、莫衷一是。比较流行的一个观点认为是因为当地梅花多。持此观点者常引南宋诗人杨万里来梅州创作的一首诗歌为证：

　　　　一行谁栽十里梅，下临溪水恰齐开。
　　　　此行便是无官事，只为梅花也合来。

　　然而，杨万里对梅州的印象，更多还是停留在"瘴疠蛮荒之地"上，"山有浓岚水有氛，非烟非雾亦非云。北人不识南中瘴，只到龙川指似君"

003

---

　　① "梅州"在宋代的史书上多以"恭州"的名字存在。我们知道，"恭"是"敬"的同义词，"恭州"实为"敬州"。清代学者吴兰修在撰写《南汉地理志》的时候说过："恭州之名，并非实改。"

"长乐昏岚著地凝，程乡毒雾噗人腥。吾诗不是南征集，只合标题作瘴经"等诗句便是铁证。更为重要的是，从当时的情况来看，梅州虽有梅花，但梅花实在说不上是梅州的特色。

宋代的梅州，不仅是"瘴疠蛮荒之地"，而且是"罪臣贬谪之所"。对于中原人，尤其是官员而言，梅州是个倒霉的地方，贬谪至梅州即意味着仕途的终结。例如，《续资治通鉴》载曰："绍圣四年（1097）……秋，七月，庚午，诏：刘安世梅州安置……永不收叙。"而且，梅州当时人口稀少、经济落后、交通阻梗，完全不是一个宜居的地方。

另一种观点认为，"梅州"之名来自山水（详见清光绪《嘉应州志》的记述），而不是梅花。城市以"梅"命名，笔者认为这是宋代从中原地区贬谪、流放而来的文官们苦中作乐、自我安慰的结果。当时的梅州对于他们来说完全就是一片穷山恶水，属南蛮荒瘴之地，他们恨不得立马逃离这里，却又无能为力。

正所谓"宝剑锋从磨砺出，梅花香自苦寒来"，为了在这艰苦的逆境中生存下去，同时显示自己的高风亮节、铮铮傲骨，最简单的一个办法就是寄情于"梅"山"梅"水了——有一点我们别忘了，在古代，也只有这帮饱读诗书、当大官的人，才有资格和能力为地方改名。

从后来的发展看，被贬谪到梅州的官员果然没有自认倒霉、自暴自弃，反而迎难而上，如同梅花一样在逆境中茁壮成长、傲视群芳，表现出极高的逆商，做出了许多了不起的成就，造福了当地社会。例如前文提到的刘安世，就是梅州家喻户晓的刘元城，他便是这样一个典型的先进人物，否则今天的梅州城区也不会有专门以他命名的街道和小学。

普普通通的一碗梅菜扣肉，竟承载了如此厚重的人文底蕴，值得我们细细品尝。现在，随着生活条件的改善，除梅菜外，香芋扣肉也成为深受广大食客欢迎的一道客家美食。

第三节　盐焗鸡

皮滑肉干、咸香扑鼻的盐焗鸡是客家菜中的经典之作，既能"扯饭"（下饭）又好"嘹酒"（下酒）。由于生产历史悠久、烹饪方法古朴，梅江区客家盐焗鸡制作技艺早在 2013 年就被广东省认定为"省级非物质文化遗产"。

所谓盐焗，就是把盐渍过的食物放进密不透风的容器中，用蒸汽熏熟的一种烹饪方法。"焗"在客家话中用来形容密闭空间内弥漫着某种气味的一种呛鼻感，因而，制作盐焗鸡时，对盐度的掌控尤为关键。

当然，盐焗鸡是否"入味"首先取决于鸡的种类和品质。客家人喜欢盐焗三黄鸡（"三黄"指的是鸡喙、鸡爪以及鸡毛的颜色皆为黄色，据说此种鸡的名称为明太祖朱元璋钦赐），具体步骤是：宰、腌好一只鸡后，将食盐均匀地涂抹在鸡身上，然后用纸把整只鸡包住——包鸡的纸较为讲究，外面的一层要用轻薄透气的纱纸，里面几层则用客家地区流行的草纸。用不同种类的纸多层包住鸡的目的是防止鸡身的水分流失和盐的过分渗透，因为鸡本身已经腌过一遍，带有咸味，不宜过咸，否则难以入口。

炒盐是古法制作盐焗鸡尤为重要的一个环节，所炒的盐必须是粒大饱满、没有添加碘的海盐（客家话叫"粗盐"），其特点是热量高、耐焗。粗盐用中火不断翻炒，直至盐粒由白色变成灰色。然后，将用纸包好的鸡放进锅中用小火慢焗。等一个半小时左右，香喷喷的客家盐焗鸡就可以出炉了。

盐焗鸡比较传统的吃法是直接用手撕着吃，这样虽然原始，但更让人手留余香、回味无穷。据说在 20 世纪 40 年代，广州有一家远近闻名的客家餐馆宁昌饭店，其所风靡一时的招牌菜正是手撕盐焗鸡。

民间有不少关于盐焗鸡由来的传说，其中一个版本是：程乡（今梅县）有一个商贩老杨经常到外地买卖货物。有一年年关将近，老杨在广西忙完了生意，置办好了一批年货，准备到朋友开的饭店饱餐一顿后便回家过年。饭店老板也是客家人，与老杨相识已久，因为新年将近，不但免了老杨的酒菜钱，而且送给他几只三黄鸡（当地最著名的特产）作为贺年礼物。受到朋友如此款待的老杨非常高兴，打算把这几只鸡带回老家。可是广西距离程乡山长水远，不可能在两三天之内回到。本来随身行李就多，再带这几只活鸡上路显然不是明智之举，可是这鸡又确实难得，带回去肯定能让全家老少高兴，更何况这是好友的一番心意，该如何是好？

思来想去，老杨想出了一个好办法，那就是把鸡宰了，去掉内脏后抹上食盐，一只只用草纸严严实实地包好。这样一来，既省去了带活鸡的麻烦，也可以保证鸡肉在短期内不变质。于是，说干就干……带着朋友的美好祝福与珍贵的礼物，老杨美滋滋、乐呵呵地踏上了回家的路。

快回到梅县的时候，老杨一行来到了一个前不挨村、后不着店的地方。天色渐晚，大家走得饥肠辘辘、疲惫不堪。这时，老杨突然想起包袱里还有鸡肉可以享用，便叫随从取出两只就地烤来下酒吃。令人意外的是，经过盐渍的鸡肉熏烤起来竟如此美味！众人莫不边吃边笑，吃得心花怒放，笑得合不拢嘴。

隔了几天，老杨一行终于回到了老家。顾家爱妻的他赶紧和老婆孩子分享他在路上无意间"发明"的这道美食。老杨的妻子本来就是个精通厨艺的贤妻良母，一尝，果然被这鸡肉的味道深深吸引。但她并没有停留在对鸡肉的享用上，而是思考如何对它的做法进行改良。终于，在她的不断努力下，客家盐焗鸡诞生了。

除整鸡外，梅州人还特别爱吃鸡翼（鸡翅）、鸡脚（鸡爪子）。20世纪90年代中期以后，真空包装的盐焗食品如雨后春笋般涌现，成为客家地区的一大特产。例如梅江区的法政路，由于沿街都是经营盐焗食品的商铺，被当地人戏称为"盐焗街"——"街"在客家话中与"鸡"同音。

尤其值得一提的是，位于梅江区三角镇富奇路的百年客家老宅"承德楼"（中央电视台第三季《舌尖上的中国》有专门报道过）近年来不断对盐焗食品进行改良和拓展，在传统客家盐焗鸡的基础上发明出了不少新颖的菜品，例如"群咸毕致"——这道客家盐焗大菜以土鸡为主料，配以螃蟹、大虾、海螺等，采用炒盐煨焗的古法工艺，先将粗海盐炒热，再将包裹好的鸡放进去焗上3个小时，螃蟹、大虾、海螺直接放入煨焗10分钟左右，让盐的味道慢慢渗入食材。笔者有幸和梁华兴（"承德楼"传人）、陈泽换（星园酒家总厨）两位先生一道参与了这道菜品的研发，考虑再三，决定将其命名为"群咸毕致"，取其与"群贤毕至"谐音之故，寓意高朋满座、开怀畅饮，以期食客品尝这道菜时，如同进入《兰亭集序》的意境中。①

对"群咸毕致"这道菜感兴趣的读者，可以在客家话喜剧院线电影《围屋喜事》的片末观看到。当然，时间允许的话，还是亲自到店品尝一番吧。

第四节　肉丸

梅州人的肉丸可以分成三大类。

第一类叫做"捶丸"，由手工或机器捶捣而成，外表光滑、圆润，属熟食。狭义上的"捶丸"专指猪肉丸子，现在通指其他同质的肉丸子。"捶丸"一词已经渐次从客家人的口语中淡出了，取而代之的是"肉丸"。今时今日聊起肉丸，浮现在梅州人脑海中的无非就是猪肉丸、牛肉丸、牛筋丸和鲩丸

---

① 详见《梅州日报》2019年9月7日第8版"客家菜"报道，题为《寻访围龙屋星园酒家的客家事业——40年传承客家味道　新模式打响客家文化》。

这四种最常见的丸子，其他用虾、蟹等海鲜制成的丸子则统称为"海丸"。为便于区分，我们在这里还是沿用"捶丸"的说法。

捶丸也叫"啵丸"——这种说法主要在兴宁一带（含梅县畲江、水车）流行。"啵丸"的"啵"，客家话读作 bòk，其本字为"扑"。"捶"和"扑"，实际都是对传统肉丸制作过程中最重要的一道工序——"捣"的描述。

根据《礼记注疏》的记载："取牛、羊、麇、鹿、麋之肉……捶反侧之，去其饵，熟出之，去其皽，揉其肉……"把牛、羊、鹿等兽类的肉反复捶打成绵烂状，去其筋腱，捶捣成肉茸，便是历史悠久的"捣珍"。捣珍作为"周八珍"之一，是客家捶丸的原型。换言之，客家捶丸是对周代捣珍的继承与发展，且客家人因地制宜、与时俱进，减少肉类来源，改善口感，使嚼起来更有弹性。

如前所述，狭义上的"捶丸"指的是猪肉丸，这种认识的产生是有历史原因的。农耕社会时期，客家人讲求"耕读传世"，牛不仅是家庭的经济支柱，而且是儒家精神的象征，不可轻易食用。唯有猪肉常食，因为养猪的目的就是为了吃肉。

一开始，猪身上最好吃的部位是不拿来做肉丸的。那些不怎么好吃的部位，食之不快，弃之可惜，不知怎么处理为好，聪明的客家人很快想到，何不把它们捣碎，再混点好的肉进来聚成一团做成丸子呢？这样一来，既看不出原料，又改善了口感，满足了食欲。

与捶丸相类似的是梅江区白宫镇（今并入西阳镇）的米粉丸（一种以米粉为主料，含有木薯粉、香菇、猪肉、鱿鱼、虾米等丰富配料的荤素搭配的丸子，味道咸香，但属于"开镬肉丸"类）。好看呈线状的粉条大家都喜欢吃，又短又碎的米粉渣子看着都没胃口，但是扔了又怪可惜的，所以干脆就把它们拼凑在一起做成丸子，既改善了品相，又节约了粮食。米粉丸的发明，反映了客家人节俭的一面。

言归正传。据说潮汕的牛肉丸是受客家捶丸的启发而发明的，笔者接触过不少老一辈的梅州人，他们不少都坚信潮汕的牛肉丸就是从客家地区传过去的。潮汕人做肉丸直接用牛身上最好的部位的肉来做，并根据食客口味的需求和变化在工艺上不断改良。牛肉丸很快便后来居上，名声盖过了客家的捶丸。

潮汕当然也有不少人务农、读书，但靠海的环境使得潮汕人对牛的感情比较淡薄。从整体来看，牛在潮汕地区谈不上是家庭的经济支柱，其地位和猪相差无几，更多是一种肉食来源而已。所以潮汕人从小就爱吃牛，也很会吃牛，以至于牛身上各个部位都有不同的名称（诸如"吊龙""匙仁""匙柄"等）。现在全国很多地方都主推牛肉料理，唯独潮汕的牛肉火锅能跻身前列、驰名海外，这绝非偶然。

民国以后，西方的饮食文化之风吹遍大江南北，随着经济条件和环境的改变，以农为本的客家人也逐渐接受了吃牛肉的习俗，如今在客家人大本营的梅县，牛肉火锅店、牛扒店鳞次栉比，可与"全猪汤"一决高下。但跳出来看，我们不难发现，吃牛肉比较出名的客家地区，大都毗邻潮汕、闽南地区，如梅州市的丰顺、大埔两县以及福建省永定区下洋镇。

第二类叫做"开镬肉丸"，用手工混合的薯粉捏制而成，外表既不光滑也不圆润。开镬肉丸也有狭义与广义之分。狭义上的开镬肉丸指的是用五花肉制成的丸子，以梅县区丙村镇的最为有名；广义上的开镬肉丸还包括萝卜丸、芍菜丸（又称"勺嫲菜"，"勺嫲"即瓢，菁莲菜的喻体）、米粉丸以及"牛閜猪"等一系列的生肉丸子。

"开镬"指的是揭开锅盖，表示新鲜出炉。开镬肉丸一定是热气腾腾的，讲究现蒸现吃。如前所述，现在梅州地区也盛行吃牛肉，客家人会把牛肉和猪肉拼凑在一起捏成团子清蒸，谓之"牛閜猪"。"牛閜猪"以兴宁的最为有名，是兴宁的特色菜，其口感嫩滑而有弹力，香气十足，多用作下酒菜。吃的时候蘸点梅州特有的甜辣酱，别有一番风味。

我们知道，"閜"现在算是"斗"的繁体字，但它与"斗"没有什么关系，原本是两个互相独立的汉字。客家话作为古汉语的活化石，有很多字只能用繁体来表示，否则不能明确地区分其意思，所以"牛閜猪"不能写作"牛斗猪"。"閜"是"凑"的意思，我们也可以说，"凑"的古音就是"閜"。当一个学习不认真的小孩写出来的字偏旁与部首间隔很大时，客家人会说他写的字"閜都毋揪"（凑不到一块儿）。"閜"的这种用法传承自古汉语，见唐朝诗人李贺写的《梁台古意》："台前閜玉作蛟龙，绿粉扫天愁露湿。"在成书于明代的长篇白话小说《金瓶梅》中，也有"閜分子"（凑份子）这样的说法。由此可见，迟至清代以前，"閜"的这种用法还是相当普遍的。

第三类叫做"炸肉丸"，是在开镬肉丸的基础上烹炸出来的丸子，以梅县区松口镇的最具代表性。松口的炸肉丸由肥瘦搭配的猪肉混合木薯粉，再加切碎的葱白先蒸后炸而成，吃的时候要先蘸点黄酒，作用在于冲淡"热气"，防止上火。

"丸"在客家话中和"圆"同音，象征着团圆。因而，不管是什么类型的丸子，都是客家喜宴上的必备好菜，老少咸宜、人见人爱。

第五节　髻顶

在客家餐馆的菜单里，常常可以看到"句顶"这一菜名。外地游客看了难免会感到云里雾里、不知所云。询问本地人，他们大都只能回答"'句顶'就是口感特别爽脆的新鲜猪肉"，没几个人能说清楚其由来。

其实，"句顶"是假借字，其本字是"髻顶"，指的是猪后颈背部的那一块肉。由于客家人习惯把外观好看的瘦肉称为"婧肉（jiāng nyiǔk）"，所以"髻顶"上的瘦肉就叫做"髻顶婧"。

髻，原本指的是发髻，一种光滑的发结、发卷，多置于后颈背部。于是猪脖子后面的那块肉也引申为"髻"。"顶"的意思一目了然，顶端。这便是"髻顶"的由来①。由于"髻顶"是给猪注射针液的部位，有的人会觉得不可食用。但从口感上来说，"髻顶"确实又有其独特的爽脆之处，许多客家人嗜之如命。特别是当客家人做开镬肉丸、芍菜丸时，"髻顶"绝对是不可或缺的食材。醃面煮汤时，很多食客会特别交代店老板，瘦肉一定要用"髻顶靓"，当然其价格也高于普通的猪肉。

"髻"在客家话中还有一层引申义，那就是"鸡公髻"，也就是鸡冠。客家人有句歇后语叫"鸡公髻——外来肉"，这该如何理解呢？

以前没有冰鲜鸡，除非自家有饲养，人们想吃鸡肉的话都是买一整只回来宰杀的。会"划算"的人认为，同等重量下买母鸡不如买公鸡，因为公鸡头上的"外来肉"比母鸡的要大。所以"鸡公髻"也就成了"外来肉"，客家人以此比喻额外的收益。

严格来说，"鸡公髻"当属鸡杂，在物质生活匮乏的年代，是不可以随便浪费的。但是，狭义上的鸡杂并不包含"鸡公髻"，而称其为"鸡下水"。梅州人经典的鸡杂汤，便是用鸡肝、鸡肾（"肾"字在一般情况下读作 sìn，唯独在"鸡肾"中读作 kīn）、鸡肠、鸡胗（鸡肌胃）等内脏煮成的，佐以香菜、葱花等，再撒点儿胡椒粉，热气腾腾、咸美鲜香。

值得注意的是，众多鸡杂当中，唯独有一样是从来没有人吃的，那便是鸡的脾脏，客家话叫做"鸡倒督"，或作"鸡到帽"——"倒督"并不是脾脏的客家话说法（鸭、鹅、猪、狗、牛的脾脏都不能说成"倒督"），它是鸡的特属。

---

① "髻顶"之名，广泛流传于客家地区。比如在茂名信宜市钱排镇钱上村，就有一座远近闻名的山叫"阿婆髻顶"；阳江阳春市永宁镇的客家庄也有一处闻名遐迩的"勾髻顶山"。

"鸡倒瞀"之所以不能食用，除了口感不好外，主要还是因为它是外周淋巴器官，残留了不少有害的代谢物质。客家人认为，吃了"鸡倒瞀"之后会出现记忆力衰退、神经功能紊乱等症状，所以有的地方，比如惠州的客家人直接将鸡脾脏称为"鸡忘记"。至于梅县人，则用"食到鸡倒瞀"来比喻因健忘而来回折腾的行为。

那为什么要写作"鸡倒瞀"呢？简言之，因为"倒"就是颠三倒四、翻来覆去的意思；"瞀"就是紊乱、混乱的意思，见《陈书·后主张贵妃传》："贿赂公行，赏罚无常，纲纪瞀乱矣。"

第六节　花蛤牛肉汤

近几年，梅城人醃面的配汤升级了不少。猪肉汤从传统的"三及第"（猪瘦肉、猪肝、猪粉肠）变成了"五及第"甚至"全猪汤"；牛肉汤里多了花甲，全称"花甲牛肉汤"。

"花甲"原本是六十岁的代称，怎么就成了食物名了呢？其实，"花甲牛肉汤"的"甲"是个不折不扣的错别字，只不过错的人多了，大家也就将错就错、不以为意了。"花甲"的正确写法是"花蛤"。

咦？"蛤"不是"蛤蟆"的"蛤"吗？没错，这个"蛤"本来就是个多音字，即便是在普通话中也存在两种读法：一读 há，蛤蟆；另读 gé，蛤蜊。"蛤"是古语词，其本义就是"蛤蜊"，见《韩非子·五蠹》："上古之世……民食果蓏蚌蛤。"客家话保留古音，把"蛤"念作"甲（gǎp）"。

我们知道，梅州兴宁有个远近闻名的风景区叫做"合水水库"，作为地名，这个"合水"的"合"当地人读作 gǎk（兴宁音，梅县音为 gǎp）。但是，你若单独拿出"合"字问当地人这个字怎么念，99.9% 的人的回答都是 hàk（兴宁音，梅县音为 hàp）。

实际上，在客家话中，以"合"字为声旁的汉字，有相当一部分是读作 gǎp 的。比如：表示"连本带利才……"的否定语气副词"恰本"的"恰"，以及"鸽"，均读作 gǎp，与"甲"同音。因而，形声字"蛤"的发音也是"甲"。至于"合"字的另一个读音 hàp，属于比较后期才出现的发音。有趣的是，"合"字的日语音读是"ごう"，和客家话的 gǎp 相近；"合"字的韩语发音是"합"，和客家话的 hàp 几乎一模一样。

花蛤牛肉汤通常用咸菜、酒糟来煮，一方面可以去除花甲残留的腥味，另一方面可以"吊味"，增加鲜甜的口感，增进食欲。

第七节　旺肉煲

老一辈的梅州人常说："猪来穷，狗来富，猫来着麻布。"意思是，要是有一头猪莫名其妙地闯进家里，无论怎么驱赶都不肯离去，说明家里不日将有较大的财产损失，因为猪很能吃，会把家里吃穷，为了避免倒霉事发生，一定要把猪赶走；要是有一只狗莫名其妙地闯进家里，无论怎么驱赶都不肯离去，说明家里即将有好运降临，因为狗会不停地汪汪叫，能把家里带"旺"，所以一定要把狗留下；要是有一只猫莫名其妙地闯进家里，无论怎么驱赶都不肯离去，说明家里近期或有重大变故，因为猫是很灵异的、不吉的动物，为避免悲剧发生，一定要把猫赶跑。

从对上述谚语的解释中，我们不难理解，所谓"旺肉"，指的就是狗肉。耐人寻味的是，"旺肉"并不是梅州人日常生活中经常使用的口语，可以说几乎无人使用，但它却堂而皇之地出现在大街小巷的灯箱广告中，或者莫名其妙地被写进酒楼茶肆的菜单里。而且，"旺肉"并不是唯一的说法，类似的还有"发财肉""熟肉""香肉"等各种各样的称呼。

据店家介绍，狗肉的这一系列五花八门的别称，其出现源于数年前相关行政主管部门的一道整改命令，他们都是迫不得已才改的名。对此，无论店家抑或食客，莫不感到啼笑皆非。有的店家更是厉害，除了在文字上做改动外，索性把羊头悬挂在小店门口，名副其实地做起了"挂羊头，卖狗肉"的生意。

从狗肉店的集体更名可以看出，爱狗大军早已"兵临"梅州，给部分梅州市民的饮食生活造成了一定影响。尽管如此，夜宵时间来一大碗香喷喷的狗肉煮粉，依旧是不少梅州市民的不二选择。毕竟，就像这句在客家、广府地区都流行的谚语所说的那样，"狗肉滚一滚，神仙都企毋稳"。不食人间烟火的神仙尚且禁不住狗肉的诱惑，站都站不稳，更何况是普通人呢？

吃狗肉本身没什么可大惊小怪的，笔者不主张也不反对。事实上，吃狗肉是南方乃至世界各地常见的食俗，绝不是梅州客家地区特有的。除了狗肉煮粉外，梅州的"狗肉煲"（有老狗煲与乳狗煲之分，所放汤底、配料也有所不同，感兴趣的读者可以翻阅宋德剑和笔者合著的《客家饮食》相关章节的内容）也十分有名。放眼广东全省，雷州的白切狗更是名噪岭南。

中国人吃狗肉的习俗由来已久，甚至可以追溯到原始社会。秦汉时期，吃狗肉之风更是盛极一时。张采亮在《中国风俗史》中就说汉朝人"喜食犬，故屠狗之事，豪杰亦为之"，其中最有名的掌故提到，秦朝末年刘邦的大将樊哙在做狗肉贩子时发明了沛县狗肉这一道菜（《汉书·樊哙传》："樊哙，沛人也，以屠狗为事"）。唐代颜师古在为《汉书·樊哙传》注解时就直言不讳地指出："时人食狗，亦与羊豕同。"意思是说当时的人吃狗，就像吃羊、吃猪一样平平无奇。

部分梅州人嗜好吃狗肉，有其现实原因。

一是因为狗肉本身具有温补的性质。唐代《食疗本草》称："狗肉补五劳七伤，益阳事，补血脉，厚肠胃，实下焦，填精髓。"五代时期《日华子本草》亦云狗肉"补胃气，壮阳，暖腰膝，补虚劳，益气力。"明代《本草纲目》更是说："犬性温暖，能治脾胃虚寒之疾。"

二是粤东北一带恶劣的自然环境使然。站在中原人的立场，古代的岭南地区属于瘴疠蛮荒之地。在自然条件相对恶劣且又缺医少药的情况下，迁居岭南的客家人自然要想方设法地摄取营养、补身养命。所谓"医食同源"，易繁殖、易养殖且有一定药用价值的狗自然就成了人们的盘中餐。这也是韩国人称自己的狗肉料理为"补身汤"的主要原因之一。

据笔者调查走访得知，客家餐馆、大排档宰杀的狗大都是来路清楚的肉狗（即专门养来吃的狗），较少有来路不明、被狗贩子从别人家里盗抢出来的看门犬或者流浪狗。对于自家养的土狗，客家人同样带有深厚的感情，不会轻易宰来吃。

那是不是所有的土狗梅州人都爱吃呢？也不是。狗本身的颜色也是重要的参考因素，客家人素有"一黄二乌三白四花"之说（或曰"三花四白"）。意思是，黄狗和黑狗才是最适合食用的，价格自然也最高；白狗和花狗就没什么人敢吃了。客家人对土狗颜色的讲究，实际也是受古人的影响。见《食疗本草》："黄色牡者上，白、黑色者次。"及《日华子本草》："犬黄者大补益，余色微补。"

追本溯源，梅州人吃狗肉实际是耕读文化的自然选择（现在几乎人人都吃牛肉的现象，在古人看来才是残忍的，是要受到谴责甚至惩罚的）。改革开放40多年来，狗的社会地位有了明显的提升。不得不说，"狗兴牛衰"是游牧文明的胜利。

回顾历史，我们不难发现，在农耕时代，牛的社会地位是很高的，而狗的社会地位很低，这点在语言、文字上都表现得特别明显。从语言方面看，在古今汉语中，与"牛"相关的多半是褒义词，而与"狗"相关的几乎是清一色的贬义词，诸如"鸡鸣狗盗""蝇营狗苟""鸡飞狗跳""鸡犬不宁""狗屁不通""狗咬吕洞宾，不识好人心""狗嘴里吐不出象牙"……同样地，"狗"在客家话中也是一个不折不扣的贬义词，多用来形容人"不仗义"，如"佢做人十分狗，做事十分狼"（他为人不忠不义，做事心狠手辣）。

从文字方面看，凡是偏旁为"犭"的，都不是什么好字，如"狠""狂""狱"等。或许有人会问，那"猫"呢？"猫"不会不好吧。君不见，"猫"的繁体是"貓"，与"犬"可没有半点关系。凡是偏旁为"牜"的，不敢说都是好字，但至少都不是什么坏字，如"牧""特"等。

需要强调的是，随着城市化的进展和人们观念的转变，现在梅州吃狗肉的人也越来越少了，特别是年青一代，几乎不吃。专营狗肉的店铺，其生意愈发难做，来自各方面的压力也越来越大。或许再过二三十年，狗肉就会从梅州人的餐桌上彻底消失吧。

第八节　黄皮豆干

013

梅县有两个地方的豆干特别有名，一个是松源镇的，另一个是南口镇的。由于松源号称"梅县的西伯利亚"，距离太远了，咱们暂且不聊，只说说南口黄皮豆干的民间故事。

话说清朝乾隆皇帝有一年微服私访，巡幸南方，偶遇一个老妇人家（客家话，老妪的意思）在家门口晾晒一种金光闪闪的食物。乾隆很是好奇，便吩咐手下买来一块，尝了尝，没想到竟如此美味。

乾隆找来当地官员打听这种食物的名称，想带一批回京。谁知这东西地方官从来没有吃过，他答不上来，吓得满头大汗，赶紧差人打听老妇人家的住处，把她请到了乾隆跟前。

由于乾隆特别交代过，老妇人家根本看不出眼前这帮人到底是什么人。乾隆对她说："我是京城来的客商，做食品采购生意的，想买些您的美食回去。只是不知道，您做的美食到底叫什么名字？"

老妇人家没什么文化，直说是"黄皮豆干"。这可把地方官吓坏了。因为当时"黄"是朝廷禁忌，"黄皮"不正象征"黄袍"吗？乾隆听罢，若有所思，会心一笑，"不知者无罪"嘛，于是他问身边的人："你们来给它取个名字，如何啊？"

时间一分一秒地过去，谁也说不出个让人满意的名字来。就在这时，门口突然出现一个鹤发童颜、仙风道骨的老者,他捋着胡须哈哈大笑道:"此物表皮如黄金,内在似白玉,乃富贵之食也,就叫'金镶玉'吧!"众人莫不点头称是。就在乾隆想要走上前去看清楚老者尊容时,他瞬间化作一阵清风而去。

如此神奇、祥瑞的情景,令乾隆龙颜大悦,他赶紧把制作"金镶玉"的老妇人家请上座。一打听才知道,老妇人家是初来乍到的外地人(怪不得地方官不认识她做的美食),来自遥遥万里之外的嘉应州(今梅州)南口镇锦鸡村。刚在这异乡安顿下来,老妇人家刚做好的第一块黄皮豆干就被乾隆品尝了。

乾隆马上示意手下,也不跟老妇人家买什么豆干了,直接把她全家安排到御膳房,每天都为皇室制作既美味又吉祥的"金镶玉"。

故事到这里就结束了。那么如此神奇的黄皮豆干是怎么制作出来的呢?首先,它得经过山泉水浸泡、打浆、冲浆(不可用冷水)、煮浆、点卤等十几道工序,每一道工序的要求都比较高,一旦某个环节出错,则有可能"全盘皆输"。特别值得一提的是,好的黄皮豆干都是用"樵火"(柴火)烧成的,这是因为煤气、天然气的火没有那么旺,做出来的豆干也没有那么香。

总而言之,外如黄金、内如白玉的黄皮豆干不仅风味独特、口感绝佳,更因象征"金玉满堂"而受到海内外客家乡亲的喜爱。南口黄皮豆干柔韧爽口、富有弹性和肉感,吃法多样,将其切成条状炒木耳,是一道佳肴。

第九节 咸菜炒猪肠

在客家人看来,猪的一身都是宝。毫不夸张地说,除了毛不能吃外,猪身上其他任何部位都可以拿来入馔(唯一的例外是"老猪嫲",即老母猪,没什么人吃)。猪肉就不用说了,以猪杂为例,比如猪血,客家话叫做"猪红",常用来煮韭菜,食之具有"打尘"(清除肺部垃圾之意)的功效;又比如猪腰子,客家话叫做"腰花",多用来煮汤,据说有补肾的功能;再比如说猪脑,或做成豆腐脑一样的甜食,或用锡纸包住后拿来烧烤……在众多猪杂之中,猪肠格外受到梅州人的青睐。

梅州地区常吃的猪肠,从广义上说,包括粉肠、生肠和大肠三种。粉肠即猪小肠,口感粉嫩,三及第、猪杂汤饭、全猪汤里都少不了它;生肠即猪的输卵管，口感硬韧、爽脆，常用来爆炒做铁板料理，佐以洋葱、青椒、红椒等；大肠外观光鲜，口感柔滑，久嚼而不烂，十分适合下酒，常用来做小炒，配以咸菜、番茄等。从狭义上说，客家菜馆里所说的猪肠，实际就是猪大肠——也许有读者会觉得猪大肠恶心，但能将那么"恶心"的东西做成如此美味的一道菜，不恰好证明了客家人的勤俭与智慧吗？

言归正传。炒猪肠别称"炒东坡"，顾名思义，其流行与北宋大文豪苏东坡被贬谪至岭南的那段阴郁岁月密不可分。据民间传说，苏东坡谪居惠州之际，每当心情低落之时，他都会到酒楼茶肆去孤饮独酌，排忧解闷。而每一次去，咸菜炒猪肠都是他必点的下酒菜之一。在名人效应的作用下，原本只有平民百姓才吃的咸菜炒猪肠逐渐在达官贵人的餐桌上流行起来，最终成为客家地区不分贵贱、老少咸宜的驰名美食。

炒猪肠的制作从选料、清洗、配菜到烹炒上盘都十分讲究。

第一步是选料和清洗。通常取猪肠的中间一段来烹调，去头去尾后即可清洗。清洗环节的要求比较高，首先要用冷水冲除肠内残余的异物，然后用温水加食盐、生粉里里外外地清洗几遍，其目的是去除残留在大肠中的异味和不必要的油脂。据陈泽换师傅介绍，猪肠前后加起来大概需要清洗七八遍才算真正清洗干净。但是，这个干净度只是相对的，如果清洗得太过，猪肠的营养与美味将大打折扣。清洗好后，还需要把猪肠从内往外翻转过来，放进盐水中静置一段时间后才能拿去翻炒。

第二步是配菜的准备。客家人炒猪肠，喜欢放些咸菜、番茄、尖椒、姜丝等，再佐以食盐、辣椒、胡椒粉、木薯粉等调味料。因为咸菜是炒猪肠的主打配料，所以客家人比较看重咸菜的选择。以梅州本土而言，产自丰顺县汤南镇和梅县区石扇镇的咸菜都比较受食客的欢迎。

第三步是烹炒。猪肠在炒之前，需要用盐和生粉再腌渍一遍。待油热即放入姜丝，然后马上放猪肠进去翻炒，须臾即可出锅。接下来倒入咸菜、番茄、尖椒等配菜，撒点调味料和木薯粉，再适量添加些清水小炒一会即可上盘。虽然这里写起来只有短短一段话，但实际上炒猪肠的时候，火候是很不容易掌握的。正因为炒猪肠的难度大，客家人往往以猪肠炒得如何来衡量一个厨师水平的高低。

梅州人嗜好咸菜炒猪肠，除了因为猪肠本身的美味和营养价值外，也与当地人趋吉避害的社会心理有很大关系。如前所述，猪肠久嚼而不烂，寓意幸福生活长长久久。

第二章　重要粄块

第一节　粄食通论

　　"粄"可以说是客家饮食文化中最重要、最具特色的部分了。在传统的农耕社会，客家人的餐桌上一年四季都离不开粄——春节过后"补天穿"（正月二十日）要吃"甜粄"，清明祭祖要用"清明粄"，盛夏消暑要吃"仙人粄"，庆贺秋收时节要吃"味酵粄"（或作"味窖粄""味搅粄"，详见本书第二章第五节）。

　　"粄"字在客家以外的地区较为罕见，且其本身内涵丰富，既可以作为点心，也可以是主食甚至是一道菜肴。此外，粄的种类繁多，颜色、形状、大小各不相同，命名方式更是五花八门：有的根据形状命名，如"老鼠粄"；有的根据味道命名，如"甜粄"；有的根据主要馅料命名，如"笋粄"；有的根据制作过程中的某道工序命名，如"捆粄"；有的根据颜色命名，如"黄粄"；有的根据民间故事命名，如"忆子粄"。

　　那么，"粄"究竟是什么呢？不少学者或许是着眼于"粄"属米字旁的缘故，笼统地认为粄就是用大米磨成粉、浆后制成的糕点。然而，仙人粄的存在却告诉我们，客家人的"粄"未必与大米存在必然的联系。[1] 反过来看，也不是所有用大米制成的糕点都可以纳入"粄"的范畴。如王增能所指出的那样，"抽丝的米制品如米粉干不能叫粄；由米屑制成的各种糕饼，如中秋月饼、枫朗酸枣糕、百侯薄饼、大埔豆子羹、梅县菊花糕、龙川牛筋糕等，也都不能叫粄"[2]。

　　实际上，在老一辈客家人看来，包子、馒头亦属于粄类，甚至连小孩子玩的泥巴也可以叫做"粄"（引申义），所以要从正面给"粄"下个定义有点困难。另据统计，中国近代以来涉及"粄"的地方志不过六类，其

---

　　① 仙人粄的主要原料是一种被称为仙人草的草本植物及木薯粉，成品色黑、呈啫喱状，类似龟苓膏。

　　② 王增能：《客家饮食文化》，福州：福建教育出版社，1995年，第52页。

中大部分是客家地区的。此外，"粄"在《新华字典》《现代汉语词典》等一般字典、词典里都查找不到，相当生僻。凡此种种，无一不加深了人们对客家粄独特的印象。

故而，有学者断言，"粄"是客家话独有的称呼。[①]"把糕点说成'粄'的必属客家话无疑，而不说'粄'的大体都是非客家地区"，"可以根据是否将糕点制品说成'粄'来大抵区分客与非客"[②]。又有学者强调，"粄"是客家族群的专用字，其他民族和民系从不使用。[③] 甚至还有人主张"粄"是福建客家人自创的怪字。[④]

总之，"粄"似乎已然成为客家文化的专利，甚至成为辨别客家身份的一个标签。尤其是近十年来，借由各大广电、网络媒体对客家文化接二连三的大力宣扬，民间对"粄"之于客家文化、之于客家人的独特地位变得愈发深信不疑，或者说从一开始就觉得理所当然——好像"粄"是客家地区才存在的事物，是客家话才有的说法。

事实果真如此吗？

诚然，虽然"粄"只有在客属地区才有比较高的使用度和认知度，但"粄"字古已有之，并非客家人的原创发明。

《康熙字典》就收录了"餅"字，对其解释为："《广韵》：博管切；《集韵》：补满切，并音昄。屑米饼。亦作粆、餅。"对"粆"的解释则是："《广韵》：博管切；《集韵》：补满切，并音昄。屑米饼也。同粄。《荆楚岁时记》：'三月三日，取鼠曲汁，蜜和粉，谓之龙舌粆，以厌时气。鼠曲即鼠耳草，俗呼茸母。'宋徽宗诗：'茸母初生认禁烟。'"而对"餅"的解释则是："《广韵》：博管切，《集韵》：补满切，并音粄。《玉篇·食部》：'屑米饼。'《广韵·缓韵》与粄、粆同。《南史·齐衡阳王钧传》载：'钧字宣礼，年五岁，所生区贵人病，便加惨悴，左右依常以五色餅饴之，不肯食。'或麦面、或屑米为之。"要之，《康熙字典》认为，"粄""粆""餅"三字不仅发音相同，而且指的都是将大米或小麦磨成粉后制成的糕点，互为异体字。

明确"粄"的本义之后，查阅史籍，我们发现南朝梁沈约撰《宋书·

① 赖广昌：《美味的"客家粄"》，《神州民俗》，2013 年第 4 期，第 42－43 页。

② 练春招：《客家方言"粄"类词与客家民俗》，《暨南学报（哲学社会科学版）》，2010 年第 1 期，第 122－126、163－164 页；王秋珺：《小小粄里大世界》，《客家文博》，2012 年第 2 期，第 13－16 页。

③ 赖广昌：《美味的"客家粄"》，《神州民俗》，2013 年第 4 期，第 42－43 页。

④ 宋祝平：《闽西客家小食美》，《中国饮食文化基金会会讯》，2002 年第 8 卷第 2 期，第 16－21 页。

郭原平传》有载："宋文帝崩，原平号恸，日食麦**䬫**一枚，如此五日。人曰：'谁非王臣，何独如此？'原平泣而答曰：'吾家见异先朝，蒙褒赞之赏，不能报恩，私心感动耳。'"唐代小说《酉阳杂俎·酒食》在介绍"五色饼法"时曰："刻木莲花，藉禽兽形按成之，合中累积五色竖作道，名为斗钉。色作一合者皆糖蜜，副起粄法、汤胘法、沙棋法、甘口法。"①可见，最迟到公元450年前后的南北朝时期，"粄"就已经出现了，距今已有1 500余年历史。及至唐代，"粄"进一步融入中原地区的市井生活之中。唐代以后，除了字书外，一般的书籍中很少再有"粄""粺""䬫"的出现。②

以上是古代相关字书、文献里对"粄"的记述，与"客家"并无直接关系。事实上，早期的客家学人也没有谁认为"粄"是客家的专利。例如，脱稿于清咸丰三年（1853）、嘉应镇平（今梅州市蕉岭县）的地方文献《石窟一征》（黄香铁著）介绍："俗粉饵之属，多称为粄，粄与粺同。按《荆楚岁时记》：'三月三日，取鼠曲汁，蜜和粉，谓之龙舌粄，以压时气。'吾乡以米粉，搓如箭舌大，以糖滚水漉之，名曰鸭舌粄。又捏粉为圆月形蒸熟，谓之粄钱，取名皆雅。其用油炸者，复有扭枣粄及笑枣之类。"③

显然，黄香铁参考了《康熙字典》的解释，他对"粄"的定义基本上为后世客家学者所蹈袭。像20世纪20年代问世的《客方言》（清代罗翙云著）也认为"粄"是"粉饵之谓"，并引据称："《玉篇》：'粄，米饼。'《广韵》：'粄，米屑粄也。'字或作粺、作䬫，是唐以前已有粄之称矣。'"与此同时，罗翙云还顺带简单介绍了当时兴宁、梅县两地常见的几种粄食："吾宁俗搓粉为长圆，断之以寸为度，谓之鸡颈粄，取名皆雅。年糕谓之甜粄，松糕谓之发粄，又有马蹄粄、千层粄诸名。"④

大约同一时期付梓的《崇正同人系谱（卷三·语言下）》⑤亦载："谓粉饵曰粄、曰糍，其松者曰糕粄、曰糕糍。《玉篇》米部：'粄，蒲满切，米饼。'《广韵》：'上声二十四缓，粄，屑米饼也，博管切。'又出粺、䬫

---

① （唐）段成式撰，曹中孚校点：《酉阳杂俎》，上海：上海古籍出版社，2021年，第41页。

② 邱庞同：《释"粄"》，《四川烹饪高等专科学校学报》，2007年第1期，第7—9页。

③ （清）黄香铁著，广东省蕉岭县地方志编纂委员会点注：《石窟一征（卷四·礼俗）》，梅州：广东省蕉岭县地方志编纂委员会，2007年，第134页。1853年黄香铁逝世时，《石窟一征》尚未完成，此书于1880年由黄香铁外甥针仲鹏、门生古朴臣及其子古范初先后刊行。

④ 陈修点校：《〈客方言〉点校》，广州：华南理工大学出版社，2009年，第159页。

⑤ （清）赖际熙主编：《崇正同人系谱（卷三·语言下）》，香港：香港崇正总会出版部，2014年。

二字，云并上同。是唐以前已有粄之称矣。《荆楚岁时记》：'三月三日，取鼠曲汁，蜜和粉，谓之龙舌粹，以压时气。'今俗以米粉搓如箭舌大，而用盐或糖滚水漉之，名曰鸭舌粄。又搓粉为月圆形蒸熟之，谓之金钱粄，亦谓之金钱糍。大抵象形以取名。其用油炸复有扭枣、笑枣之类……年糕则谓之甜粄或谓之龙糍（以蒸笼熟之，因笼而曰龙），松糕谓之高糍，亦谓之发粄……"

在 1933 年初版的客家学经典著作《客家研究导论》的第四章"客家的语言"中，作者罗香林亦对"粄"的传统定义进行了说明："粉饵谓之粄。《广韵》：'粄，米屑饼也。'字或作粹，或作餅。即此所本。"①

值得注意的是，以上这些重要的客家资料、著作的编撰者，虽都解释并相对详细地介绍了当时当地知名的几类粄食，但无不主张"粄"源自古代，而且都不认为"粄"是客家族群或客家文化的独创，这与今日世人视"粄"为客家文化独有特色的认识形成一定的比照。

另外，从物质层面来看，众所周知，所谓的粄，相当一部分是用大米磨成浆后制成的，也有不少是用木薯粉、粟米粉或者糯米粉和面粉制成的，并无特别出奇之处。事实上，粄食在华南乃至东亚稻作文化圈内普遍存在，只是各个国家和地区、各个族群的说法不同而已——有叫"粿"的，有叫"糕"的，有叫"饼"的，也有叫"粉"或者其他的。例如，揭阳的"碗团粿"就相当于梅州的"发粄"，客家的"粄皮"或者说"粄条"②与潮汕的"粿条"、广府的"河粉"相比并没有实质区别。

综上所述，客家的"粄"传承自 1 500 多年前的古代。作为一种食物，其广泛见于南方稻作地区，只是不以"粄"为名称而已。

到此，我们再从语言层面进行讨论。《客家饮食文化》（王增能，1995年）、《客家味道——客家饮食文化研究》（黎章春，2008 年）、《靠山吃山：大山窖藏的客家味道》（饶原生、扬眉，2014 年）以及《客家饮食》（宋德剑、罗鑫，2015 年）均是以"客家饮食"为专题的著作，他们分别站在闽西、赣南以及粤东客家的立场，花费了不小的篇幅来介绍"客家粄食"。然而他们所介绍的，无不偏重于作者所在地域周边的粄食。换言之，这几部著作所着力介绍的，与其说是客家的粄，毋宁说是某块地域共同的食物更为确切。因之，林斯瑜在其博士论文中直言不讳地表示，王增能所

---

① 罗香林：《客家研究导论》，载广东省兴宁市政协文史资料研究委员会编：《兴宁文史（第二十七辑）》，2003 年，第 183 页。

② "粄条"在台湾南部多称"面帕粄"，被认为是客家族群的代表食物之一，常与所谓的"硬颈精神"联系在一起。

著《客家饮食文化》中介绍的 17 类"客家粄食"中只有 4 类为梅县白宫人所认知。①

事实上，在客家地区，某一个地方叫"粄"的食物，在另外一个地方不一定也叫"粄"，甚至不被当地人认为是粄食。例如春节期间广东各地必备的油炸食品"煎堆"，在梅州城区被称为"煎圆儿"（或作"煎丸儿"），到了蕉岭县城才被称作"煎粄"。也就是说，为全客家地区所共有的粄食并没有多少，客家人对粄的认识存在很大的地域差别。② 又比如说"老鼠粄"一词，到了台湾客家地区无人知晓，因为当地人皆称其为"米筛目"；到了香港，这种食物通常只有"银针粉"这样的名称（详见本书第二章第二节）。

因此，林斯瑜指出："粄食的品种本身与'客家'没有太大关系，将这些食物统称为'粄'才是客家族群的特色。"③ 笔者认为，此结论的前半段无疑是正确的。但如果我们稍微将眼光放远一点，看一看越南的例子，兼顾实物与语言两方面，便不难发现其实"将这些食物统称为'粄'"并不是客家族群的特色。

作为深受古代中华文明影响的国家，越南诸民族特别是其主体民族京族的语言、饮食文化与客家民系有着许多惊人的相似之处。例如，"粄"翻译成越南语是 bánh——两者不仅发音十分近似，连意思也相差无几。特别是糕点、包子、馒头在越南都可以称作 bánh，与客家人对"粄"的传统定义一致。

为此，笔者曾经做过一个简单的调查。一方面，将 bánh đúc④ 的照片发给身边的客家人看，问大家这是什么食物、是否吃过。结果，随机选择的近百位受访对象中，95% 以上的人都不假思索地表示吃过，而且认为这是粄食。至于是什么粄，广东的客家人大多认为是（加料的）味酵粄，台湾的客家人则更倾向于水粄。另一方面，笔者托几位来自广东外语外贸大学等高校越南语专业、正在越南交换留学的大学生朋友，将味酵粄、水粄

---

① 林斯瑜：《民以食为天——梅州客家的饮食文化与地方社会》，中山大学博士学位论文，2015 年，第 256 页。

② 根据笔者调查，部分客家地市如韶关市始兴县的客家人甚至都不知道"粄"为何物。

③ 林斯瑜：《民以食为天——梅州客家的饮食文化与地方社会》，中山大学博士学位论文，2015 年，第 257 页。

④ bánh đúc 是深受越南老百姓喜爱的京族传统美食。其做法是：将大米浸泡一天一夜后，加入一定比例的水磨成米浆，然后加入适量的石灰水，用文火一边搅拌一边熬成黏稠状，倒入碗中，待冷却后切成小块，吃的时候佐以调味料、香菜等。顺带一提，越南语"前正后偏""右侧补义"，与汉语的语序恰好相反。因而，按照客家话的习惯，bánh đúc 就是 đúc bánh。

的照片拿给越南朋友看，让他们问同样的问题，得到的回答几乎全都是bánh，甚至有人直接就说是 bánh đúc。实际上，无论从原料、制作方法、外观以及吃法来看，bánh đúc 都与味酵粄、水粄等十分相似。

那么，bánh 究竟是什么呢？学术界普遍认为，bánh 由"饼"演变而来。例如，罗启华认为，bánh 属于"俗成汉越词"，与"正统汉越词"bính（饼）相对应。[①] 谭志词则强调，bánh 由今汉越词 bính 二次越化而来，[②] 写成汉字是"饼"，而且"饼"同时也可是喃字，具有双重"字籍"。[③] 范宏贵则站在中越两国地理位置、自然环境迥异的角度分析，指出bánh（饼）是越南受中原饮食文化影响的产物，只不过受到自然条件的限制，中国北方的饼主要以面粉为原料，玉米、高粱次之；而越南地处南端，故而当地的饼多以大米磨成的粉、浆为原料，番薯、木薯等次之。[④]

就此问题，笔者有不同的见解。如前所述，"粄"在唐代已经普及，它虽与"饼"的属性相同，但在古人看来，两者从来就不是一回事，否则它在字书上就会被当作"饼"的异体字来看待了。

众所周知，唐文化光照四邻，对越南的影响空前绝后。以语言为例，"唐代汉语之输入安南，以其规范性、系统性及规模之庞大而远盛于前期，输入越语中的汉语词汇的读音体系，正是在唐代形成和固定下来的"[⑤]。

语言作为"虚"的文化尚且如此，其他诸如饮食、器物等"实"的唐文化对越南的影响就更不在话下了。可以肯定，"粄"正是在唐文化大举"南下"的过程中传播到越南的。只不过在传播的过程中，由于"餅"（同"粄"）和"餅"（"饼"的繁体）的发音、意思、字形都太过相似，越南人逐渐混淆了这两者的区别，以讹传讹之下，纷纷倾向于用"饼"来表示"粄"的概念，这也正是造成"饼"双重"字籍"的根本原因。近代国语字（Chữ Quốc Ngữ）确立、汉字和喃字逐渐退出历史舞台以后，"饼"在越南变成了 bánh。然就 bánh 的原貌或本质而言，它是"粄"而不是"饼"。

---

① 罗启华：《语言的亲情——越南语汉源成分探析》，武汉：华中师范大学出版社，2013年，第 215 页。

② 唐音融入越南语后先被越化为今汉越词，今汉越词再进一步融入越南语口语，再度越化的结果即二次越化。谭志词：《中越语言文化关系》，广州：世界图书出版广东有限公司，2014年，第 61 - 62 页。

③ 谭志词：《中越语言文化关系》，广州：世界图书出版广东有限公司，2014 年，第 96 页。

④ 范宏贵、刘志强：《越南语言文化探究》，广州：世界图书出版广东有限公司，2014 年，第 14 页。

⑤ 林明华：《越南语言文化漫谈》，广州：世界图书出版广东有限公司，2014 年，第 2 页。

同样地，客家人所说的"粄"也不是"饼"的转音。①就此前人已有一定的研究②，不再赘述。需要补充的是，"饼"在客家人看来往往特指那些非本土的、具有"薄""扁""干""香"等特点的小吃，如葱油饼、咸煎饼、百侯薄饼、包装饼干等。③总之，"饼"与"粄"在客家话里完全不相同，"粄"不是"饼"的转音。

对于"粄"与bánh的关系，笔者认为至少存在以下四种可能：

（1）客家的"粄"是受到越南人、越南文化影响的结果；

（2）越南的bánh是受到客家人、客家文化影响的产物；

（3）二者是纯属巧合的"共同发明"；

（4）二者系出同源，是各自传承古代中原地区的饮食、语言文化并适应当地环境的结果。

通过之前的论述，我们首先可以排除第一、第三种可能，因为bánh是个不折不扣的汉越词，源于古代中国。

客家人与越南人交流的历史源远流长，今越南境内的客家人除"客家（Khách Gia）"外，多以"艾族（Ngái）"或者"华族（Hoa）"的少数民族身份存在。既然是少数族群，那么客家文化在越南就不可能处于主导地位。非唯如此，与闽南文化在印度尼西亚的情况类似，客家文化在越南也面临"三代成峇"的危机。再加上"客家"本身是近代的产物，客、越之间没有发生过大规模的人文交流，由此可以判断，第二种可能的可能性也是不大的。

食物的形态"纯属巧合"不足为奇，连名称、概念也一样的话，只能说明两者系出同源。从客、越近似的自然环境④以及共同的历史经验⑤来看，最让人信服的只能是第四种可能了。也就是说，客家的"粄"和越南的bánh都是继承与发展古代中原地区的饮食、语言文化的结果。

那么，相隔万里的客家与越南何以在"粄"这一事项上如此一致呢？

①　见邱庞同在《梅州导游》中对相关内容的介绍。邱庞同：《释"粄"》，《四川烹饪高等专科学校学报》，2007年第1期，第7－9页。

②　邱庞同：《释"粄"》，《四川烹饪高等专科学校学报》2007年第1期，第7－9页；练春招：《客家方言"粄"类词与客家民俗》，《暨南学报（哲学社会科学版）》，2010年第1期，第122－126、163－164页。

③　与此同时，"饼"还常常作为量词使用，如"煮一饼面"。这一用法同样来自古汉语，见《后汉书·乐羊子妻传》："羊子尝行路，得遗金一饼，还以与妻。"

④　所谓"逢山必有客，无客不住山"，客家地区多处山岳地带是众所周知的事实。越南也是个多山的国家，从气候特征来看，粤闽赣三省交界的客家大本营与越南都是以湿热为主。

⑤　历史上包括粤闽赣大本营在内的广大客家地区皆属于"百越之地"，与越南一样，或由中原士族大举南迁，或由南人北进而深受中原文化影响。

应当说，这是在特定历史社会条件下产生的一种巧合现象，有其必然性，但绝非特例。

首先，客家话和越南语都深受中古汉语影响，同时也是保留汉音唐韵最多的语言之一。不止"粄"与 bánh 这一对词，客、越双语在语音、词汇等方面都有着非常大的交集，如"文"等字的声母都是［v］。^①正因如此，越南语研究的泰斗罗启华先生才在其代表作中"特意让保存较多古音特点的梅县客家话参与汉越读音与汉语古今音的比较，使汉越读音与汉语古今音的对应关系的来由和实况衬托得更加显豁"^②。

事实上，类似"粄"与 bánh 这样的巧合现象在汉字文化圈内任意几门语言之间都有可能存在，不仅限于客家话和越南语之间。例如，"番茄酱"日语叫"ケチャップ"，韩语叫"케찹"，发音高度相似，因为它们都借自英语 ketchup。殊不知，ketchup 实际是对粤语"茄汁"的音译。追本溯源，粤语的"茄汁"也是从古汉语中继承而来的。^③

其次，客家人与越南人有相似的生活环境。站在中原的角度看，客家地区和越南长期以来都属于偏远、封闭的"边境之地"，但越是这样的地方，古老的语言文化越容易得到保留。更为重要的是，客家地区和越南一样，普遍群山环绕，常年雨水充沛、气候湿热，民众习惯以稻米为主食，这是"粄"分别在两地得以"存活"至今的现实条件。试想，如果历史上客家先民不是南迁而是选择西移的话，那么今天的客家人可能普遍以面食为主。这样一来，"粄"也就失去了其赖以生存的社会环境，恐怕早就成了死语或者被赋予完全不同的意思。

下面拓展一下客家话的"粄"对世界各国语言文化的影响。

前文提到，在老一辈客家人看来，包子、馒头皆属于粄类。实际上，在烤面包刚出现的时候，客家人也自然而然地把它归为粄食。对此，一些卖西点面包的人很不乐意，为了与相对廉价的包子、馒头区分开来，他们发明出"炕包"这样的说法。

---

①　根据音韵学知识，"文""晚"等字的声母经历了一个从［m］到［ŋ］再到［v］的过程。17 世纪以后，［v］才逐渐演变为今日普通话的［u］（拼音用［w］表示）。以"文"字为例，粤语（广州话）和韩语（首尔话）都是［m］声母，潮汕话和日语（汉音）都是［ŋ］声母，客语（梅县话）和越南语都是［v］声母。这反映这些语音分别继承了不同时期的古汉语发音。

②　罗启华：《语言的亲情——越南语汉源成分探析》，武汉：华中师范大学出版社，2013年，第 385 页。

③　有外国学者认为，ketchup 的词源是闽南话而非粤语，其本义是"鱼露"，详见［美］任韶堂著，王琳淳译：《食物语言学》，上海：上海文艺出版社，2017 年，第 1 页。

"炕包"一词，颇有昙花一现的感觉，因为现在大多数客家年轻人都已经把它忘记了，取而代之的是和普通话一样的说法，即"面包"。不过，"炕包"所发挥的历史作用是显著的，因为现在大多数客家人已经不会把烤面包视为粄食，甚至不认为它是包子了。

面包之后，随着麦当劳、肯德基等"洋快餐"的引进，又出现了"汉堡包"这样的新名词，但这是年轻人偷懒，直接从外地"进口"的说法，老人家可未必认同。笔者至今记得，梅州首家"洋快餐"店刚开张不久，有个带孙子去的老大爷指着服务员身后的点餐屏说要点一个"番粄"尝尝的场景。老大爷所说的"番粄"指的就是汉堡包。每当回想起这个词，笔者都会会心一笑，同时不禁感叹客家话的造词能力失之久矣。

到此，可能读者会产生一个疑问：会不会只有以前的客家人不区分包子和馒头呢？当然不是。例如，包子在日本也叫馒头，实在要区分时就加"中华"二字，谓之"中華饅頭（ちゅうかまんじゅう）"。

至于面包，日语叫做"パン"，谐音"胖"，用片假名书写，显然是个外来语词。"パン"源于葡萄牙语的 pão——像极了"包"字的汉语拼音 bāo。然而，pão 的发音和汉语的 bāo 截然不同，它是鼻音收尾的。也就是说，日语"パン"的发音和葡萄牙语 pão 的原音除鼻音韵尾外相差无几。

说到这，懂韩语的读者可能发现了，韩语的"面包"叫做"빵"，谐音"棒"，和葡萄牙语 pão 的发音也很相似。的确如此，不过，韩语的"빵"是受日语"パン"的影响而产生的（近代朝鲜半岛曾沦为日本的殖民地），如果是直接受到葡萄牙语影响的话，那么谚文将会拼作"빤"而不是"빵"。

有趣的是，英语同样不区分馒头和包子，统称为 bun，谐音"粄"。例如"馒头"叫做 steamed bun，"包子"叫做 steamed stuffed bun。甚至面包也属于 bun 的范畴。法语也不分馒头和包子，统称为 pain，谐音"粄"。如"馒头"叫做 pain cuit à la vapeur，"包子"叫做 petit pain farci cuit à vapeur。

实际上，英语的 bun 也好，法语的 pain 也罢，和日语一样，都是受葡萄牙语 pão 的影响而产生的新词。那么，英国人、法国人和日本人怎么就同时受到葡萄牙语影响了呢？他们又是在哪里接触到葡萄牙人的呢？答案便是澳门。

葡萄牙人在明嘉靖三十二年（1553）登陆澳门，尔后一直在此定居，澳门也一直作为中外经济、文化交流最重要的窗口城市存在。在明清两朝长年闭关锁国的时期，外国船、外国人接触中国，几乎都要通过澳门。

今日说起澳门，可能大家的印象和对香港的一样，似乎都觉得澳门也是清一色说广府话。殊不知，澳门是个本土语言极为丰富的地区，其中当然少不了客家话。根据《梅州日报》的相关报道，澳门至少有十万客家人。耐人寻味的是，在梅州本土，也有个别叫"澳门"的地方。

葡萄牙语的 pão 具体产生于何时我们很难考证，但笔者认为，它的出现必然与客家话的"粄"有着密不可分的关系，否则不可能发音和意思（尽管 pão 现在是面包的统称，"粄"也逐渐失去了对面包、包子和馒头的"控制权"）都如此相似。

综上所述，不论是英国的 bun 还是法国的 pain，不论是日本的パン还是韩国的빵，统统都来自葡萄牙的 pão。追本溯源，葡萄牙的 pão 又是从客家的"粄"演变来的。至于越南语的 bánh，则如前所述，它和客家话一样，源于对古汉语的直线传承。

接下来，笔者将挑选出几个比较有意思的客家粄食，从语言文化以及社会历史的角度对其名称的来龙去脉进行解读。

第二节　老鼠粄

在众多客家粄食中，老鼠粄可谓名称最多的一种了。首先必须澄清的一点是，老鼠粄和老鼠没有丝毫的联系，如果非说有，那就是它的外形酷似小白鼠的尾巴，所以有的地方也称老鼠粄为"老鼠尾"甚至叫做"老鼠屎粄"。

老鼠粄实际是用粘米制成的。其制作过程大体是：首先把粘米用冷水浸泡数小时后，捞起沥干，研磨成粉；其次用沸水搅和，反复揉搓，拧成团后放到特制的千孔粄擦上来回摩擦，同时擦出许多长 1—2 寸的粄条掉落锅中；接着待粄条煮熟浮面时即捞起，放进冷水中浸泡；最后待冷却再捞起来晒干即告完成。

俗话说，"老鼠过街，人人喊打"。不要说鼠肉食品了，光是名字沾上一个"鼠"字，就会令不少人闻之作呕。① 老鼠粄虽然可口，但"老鼠

---

① 《梅州侨乡月报》的主编刘奕宏先生说，岭南地区、客家地区自古有"食鼠"的习俗，如"闽西八大干"中的宁化老鼠干（今多用兔子肉代替）、梅县的"土轮儿"（竹鼠），因而"老鼠粄"这个名称最初出现的时候，世人未必都觉得恶心。潮汕地区也有一种小吃叫做"鼠曲粿"（民间多作"鼠壳粿"），它和老鼠粄一样，明明和老鼠没有丝毫联系，偏偏以"鼠"命名（因原料中含鼠曲草之故），可以作为一个佐证。

粄"这个名字实在难登大雅之堂，所以到了高级一点的茶楼饭店，它便摇身一变，有了个高贵的名字叫"珍珠粄"——因为珍珠也是白的，而且白得很高级。据说，"珍珠粄"的美名，出自近现代客籍作家杜埃①之笔。

如前所述，不同地方对老鼠粄的称谓不尽相同：台湾客家地区，老鼠粄叫做"米筛目"；滨海客家地区，如香港、深圳一带，老鼠粄叫做"银针粉"；到了潮汕地区，老鼠粄则被唤作"尖米丸"；到了珠三角，老鼠粄被视为短小版的"濑粉"；及至马来西亚客属地区，老鼠粄又被叫做"米苔目"（或作"米台目"）。

老鼠粄的吃法主要有三种：煮、醅、炒。要问哪里的老鼠粄最正宗，大多数梅州人的回答都会指向大埔，尤其是西河镇的老鼠粄，远近闻名。据说，老鼠粄就是西河人发明的。

老鼠粄不仅名称多，身份也很暧昧，你可以说它是小吃，也可以说它是主食。但不论是什么，也不管怎么吃，笔者认为，吃老鼠粄的时候，胡椒粉是必不可少的。如果一份老鼠粄没有胡椒，那就跟咸菜牛肉汤里没有酒糟，炒香螺里没有金不换（九层塔）一样——你说它们是主菜吗？不是，但少了它们这道美食就好像没有了灵魂。

关于"老鼠粄"名称的由来，笔者曾在《梅州日报》上发表过一篇浅论②，部分摘抄如下：

按照通俗的解释，是因为这种食物的外形酷似老鼠的尾巴，所以叫"老鼠粄"。可是，果真如此的话，何不直接叫"鼠尾粄"呢？更何况，比起老鼠的尾巴，它不是更像"蟛公"（蚯蚓）之类的爬虫吗？

又有人说，这是因为这种食物滑溜溜的，就像老鼠一样。这个解释比较牵强，就算老鼠再怎么滑溜溜的，也比不上"溜苔"（青苔）。按照客家人的命名习惯，索性叫"滑粄"不更省事？

只能说，"老鼠粄"的命名是以讹传讹、约定俗成的结果。

梅州电台的宋新嘉先生指出，"老鼠粄"是从梅县松口传到大埔、再由大埔走向整个客家世界的食物。他认为，"老"应该是"劳"（去声，即第四声），"劳"是客家话，也是古语词，通"辽"，表示间隔大、辽阔，见《诗经·小雅·渐渐之石》："山川悠远，维其劳矣。"而"鼠"应该是"薯"。

① 杜埃（1914—1993 年），原名曹传美，笔名杜洛、T·A，广东省梅州市大埔县湖寮镇莒村田背角人，代表作品有《初生期》《人民文艺说》《论生活与创作》等。

② 罗鑫：《"老鼠粄"之我见》，《梅州日报》，2017 年 12 月 23 日，第 6 版。

受其启发，笔者从老鼠粄的制作过程着手，提出"老鼠粄"的本字当为"劳竖粄"。

首先，"老"字在"老鼠"一词中读作上声（第三声），而在"老鼠粄"中多读作去声，与表示间隔大的"劳"同音——老鼠粄为什么会"劳"呢？这得从制作它的最后一个环节说起——老鼠粄成形于千孔粄擦，擦出来之后每一根的间距是比较大的，"劳"正"劳"在这里。

其次，老鼠粄的"鼠"并不是"薯"，因为老鼠粄纯由米浆制作而成，与"薯"类无关。再者，"鼠""薯"在客家话中声母不同。其正确写法是"竖"，在古汉语中是"短小"的意思，见《荀子·大略》："古之贤人，贱为布衣，贫为匹夫，食则饘粥不足，衣则竖褐不完。"

也就是说，"老鼠粄"做出来后，不同于面条和米粉一般互相粘聚在一起，而是"劳劳"（客家话，间隔很大的意思）的，并且每一根老鼠粄都是从千孔粄擦下"竖"着出来的，本身短小，正好符合"竖"的古义（古人常用"竖子"来表示小鬼、矮小之人）。

由于"劳竖"是两个独立的形容词拼凑在一起的，恰巧与"老鼠"谐音，所以坊间索性就把这种粄写成"老鼠粄"了。起初也许令人膈应，但以讹传讹之下，久而久之，大家也都习以为常了，只要好吃便行。

上文发表以后，在引起不少读者共鸣的同时，也有部分读者发表了不同意见，例如廖松发先生就曾撰文[1]回应说：

"老鼠粄"，客家先民们大概因其两头尖尖，粄身滑溜，形似老鼠而命名，它符合客家先民"以形状物"的起名原则；除形似之外，还可能因老鼠害人之甚，特将该粄命名为"老鼠"，从而把它投锅烹煮，啖之为快。

众所周知，客家先民是从生产、生活极端艰苦、无奈的环境中走过来的。条件制约下，不可能起什么儒雅的名字，只要看它像什么就叫什么而已，这也体现了客家文化的质朴。至于今人或非客家人对"老鼠粄"名字的反感，那是他们没有经历先民们的生活，自然情感不同，理念各异。如定要另起优雅的名字，那也无可厚非。只是未免可惜，起过名后，作为客家传统食品文化内容之一的"老鼠粄"，随之将面目全非——粄或永存，内涵没了。

罗鑫先生在其文章中说，受宋新嘉先生引用《诗经·小雅·渐渐之

---

① 廖松发：《我对"老鼠粄"和"手信"的看法》，《梅州日报》，2018年1月20日，第6版。

石》："山川悠远，维其劳矣。""劳"读第四声，"表示间隔大"的启发，联想到做该粄时，粄是从千孔板擦下"竖"着出来的，本身短小，正好符合"竖"的古义（古人常用"竖子"来表示小鬼、矮小之人）。该粄出来后间隔是"劳劳"的，所以，"老鼠粄"的本意应为"劳竖粄"。

须知，该粄"竖"着出来，只是瞬间，待一落锅便不"竖"了；间隔"劳劳"的，也是瞬间，不一刻工夫，便满锅成堆了。我们餐桌上见到的"老鼠粄"，是"横七斜八"、紧凑于一起的，根本见不到"竖"和"劳"的现象。说该粄"滑溜"像"老鼠"，那倒是常态——用筷子不易夹起来，用汤匙捞亦总溜走。我想，先民们恐怕不会将瞬间现象作为起名的依据，若按常态起名，或有可能。

至于"竖"字的解释，罗鑫先生引用《荀子·大略》中的"竖褐不完"，谓"竖"字"在古汉语中是'短小'的意思"，这可不然。《幼学琼林·衣服》中的是"贫者裋褐不完"，查《古今汉语词典》："裋（shù）"，释为"粗布上衣"，并附有"裋袍"例句和"裋褐"例词，无见"短小"之义；又查"竖（shù）"，释义有7项，唯第4项"童仆"，或可为"矮小"之谓；无见"竖褐"例句或例词。由此看来，"竖褐不完"或应该是"裋褐不完"？另外，关于"竖子"一词，《古今汉语词典》中释为：①童仆；②童子、小孩；③对人的鄙称，犹言"小子"。清楚注明"竖子"以及"竖子"含义下的"小子"是"鄙称"，没有"短小"的意思。

按罗鑫先生的意思，取"竖"字第4项释义"童仆"，"竖子"释义中的"童仆""童子、小孩"以及"小子"（这里的"小子"纯属贬义词，并非比喻个子矮小）来比喻老鼠粄之"短小"，未免过于牵强。相比"老鼠"和"老鼠滑溜"的比喻，我想后者会不会恰切些、形象些？

"老鼠粄"的词源究竟为何，谁的解释才是正确的，说到底是个仁者见仁、智者见智的问题。但宋新嘉及廖松发二位先生的意见，着实对我们有所启发。

第三节　忆子粄

忆子粄是众多客家粄食中唯一以故事命名的，且其发音特殊，读作ě ě băn——这里采用的是大埔当地的方音，如果用梅县话则应该读作 yì zǐ băn。

那么，有关忆子粄的传说到底是怎样的呢？

传说在明清鼎革之际，大埔县茶阳镇有一位贤良淑德的客家妇女阿松姨。阿松姨具有客家妇女"四头四尾"①的美德，尤其擅长制作各种粄食。阿松姨膝下有个儿子，名叫阿根，从小就喜欢舞枪弄棒，甚是调皮。

成年后的阿根在一次机缘巧合之下，追随了郑成功，参与了收复台湾、驱逐"红毛番"（荷兰殖民者）的战役。然而，尔后不久清兵便南下占领了梅州，投身明郑的阿根无法从台湾回来。虽然儿子的音讯全无，但阿松姨始终坚信阿根还活着，而且一定会回家。

为寄托对儿子的思念，阿松姨发明了一种用糯米制成、箬叶包裹的粄，里面包有剁碎的香菇、豆干、虾米、肉丁等丰富的馅料。吉人自有天相，时隔三十年后，阿根果然平安归来，母子再见，泣不成声。阿松姨以粄念子的故事感动了所有人，这便是忆子粄的由来，"忆"是回想、思念的意思，也有人说是忆苦思甜的意思。

忆子粄作为客家传统名小吃，饱含舐犊情深、叶落归根的深意。

第四节　仙人粄

炎炎夏日，记得来一份黑不溜秋、晶莹剔透、柔韧爽口的冰镇仙人粄。吃之前别忘了浇上一圈蜂蜜或撒上一调羹的白糖，再滴几点香蕉露，用小刀捣碎，大口嗑之，小嘴抿之，别提有多么甜口沁心了。

客家人认为，仙人粄不仅能解渴充饥、生津降暑，而且有保健养生的功能，特别是入伏天吃了仙人粄的话，整个夏天都不用担心会长"热币（痱）儿"。

仙人粄之所以成"仙"，是因为它的主要原料叫"仙人草"。有趣的是，把仙人草做成粄后，梅县人名之曰"仙人粄"，而丰顺人称之为"草粄"，各取一半。实际上，凡清属嘉应五属之地，多称其"仙人粄"，而潮州府辖下的大埔、丰顺两县，则多叫"草粄"——受其影响，潮汕人自然而然地将"草粄"翻译成"草粿"。出了梅州，仙人粄或曰凉粉（如惠州），或曰仙草冻（如台湾）。

仙人粄的发明至少可以上溯到清代，系客家人智慧的结晶，是老百姓在山区的日常生活中不断试验、总结出来的美食。在广东，有两个地方的

029

---

① "四头四尾"是旧时对客家妇女美德的概括，即"灶头镬尾"（厨房劳作）、"针头线尾"（缝制衣物）、"田头地尾"（耕田种地）、"家头教尾"（侍育老少）。

仙人粄特别出名，一个是梅州市梅县区南口镇车陂村的，另一个是河源市紫金县乌石镇书田伯公坳的。

以南口车陂仙人粄为例，最出名的是"南记饶二老字号"仙人粄店。该店店主是饶俊顺、饶仕雄父子。

饶伯师承其祖母，是车陂仙人粄的第三代传人。据饶伯说，他原本姓罗，祖籍兴宁市径南镇。他的祖父是入赘过来南口镇车陂村后才改姓饶的。但令人意想不到的是，他的祖母也不姓饶，而姓潘，是饶家的养女。更加出人意料的是，饶家本身有好几个女儿，但全都卖出去了，再用卖女儿所得的钱从别的村里买来养女。乍一听，这真有点匪夷所思。细一想，估计是听了算命先生的"指点"，通过这一卖一买来增加生儿子的"概率"吧。听饶伯叙述他的家史的时候，我不禁想到，"女儿"的客家话叫"妹"，谐音"毋爱"（不要）。旧社会重男轻女，固有其深刻的现实原因，但我们仍为当时女性的苦难生活感到心酸。

饶伯的祖母潘阿婆婚后生育了多个子女，因生活贫困，想做点小生意来补贴家用。后经人介绍，在从车陂去往瑶上的一个叫"师扫亭"（音译，今址不明，愿闻其详）的地方学习制作仙人粄。说是学习，其实全凭潘阿婆自己观摩参悟。知道大概后，潘阿婆便回家自己尝试种植仙人草，研究配方，经过不断试验和改良，终于制作出无比美味的仙人粄。

潘阿婆将制作仙人粄的手艺传给了其中一个儿子，此人便是饶伯的父亲。饶伯自13岁便开始学艺，日渐精进，在仙人草的选择方面，摸索出了丰富的经验。通常只选用梅江区西阳镇产的仙人草，他说这样做出来的仙人粄才不会有怪异的味道。

车陂仙人粄是在饶伯的手上才真正出名的。他乘20世纪80年代改革开放的春风，成功地让车陂仙人粄走出了南口，变成全梅州人都知道、都认可的健康美食。耐人寻味的是，让车陂仙人粄火起来的首批最重要的客人，正是饶伯老家的兴宁人。

饶伯之子饶仕雄是车陂仙人粄的第四代传人，他对仙人粄的改进大大地提高了仙人粄的生产效率和知名度。令人钦佩的是，"80后"的饶仕雄具有大学本科学历，毕业后原本可以留在外地发展，但仍毅然决然地返乡继承祖业，立志将客家传统文化发扬光大。

饶仕雄说，仙人粄的发明和后羿射日的远古神话有着一定的关系。传说在尧帝的时候，天上有十个太阳，天下因此草木枯焦，百姓颗粒无收。尧帝为拯救黎民百姓，命令后羿射日，后羿射杀了其中九个，只留一个太阳光照人间。后羿死后，他的坟上长出了一株株奇特的草。老百姓为纪念后羿，每年都会去扫墓，给他上香。有一年太阳为报兄弟被杀之仇，故意发出数倍于平常的光和热，专门对准后羿墓周围猛射，正在祭拜后羿的人们纷纷中暑倒地。这时，后羿的坟头草忽然散发出一股清香，把所有人都救了回来。人们这才意识到，原来这草就是后羿的化身，具有降暑解困的神奇功效，遂将其命名为"仙人草"。

勤劳智慧的先人发现，仙人草虽有降暑降压的药效，但不能解渴充饥。为贯彻"医食同源"的理念，在几经摸索之后，先人终于发明了仙人粄这道集多种功能于一身的美食。

仙人粄的发明，在文化意义和社会功能方面也有重要影响。它不仅健康美味，而且物美价廉（现在一盒仍卖2元，一盆6元），能够满足全体社会阶层的需求。特别是，据饶伯介绍，自打他祖母那辈开始，不管自家生活再苦，只要有穷苦人家上门乞讨，他们家都会赠一碗仙人粄。饶伯的父亲在面对政府征地建设公路之际，更是丝毫不考虑个人的利益得失，爽快地将老店和祖地让渡出去，完全没有讨价还价。

笔者认为，车陂仙人粄之所以名声在外，除了它本身的价值外，很大程度也是缘于饶家四代那颗代代相传的仁义之心。从某种意义上说，他们家的仙人粄，正是客家文化、传统美德的具体象征。

第五节　味酵粄

味酵粄是极具梅州特色的客家美食。它的吃法多样，写法不一。先来介绍一下怎么吃。

如果把味酵粄当成小吃的话，它主要有两种吃法：①最经典的是用迷你的小碗蒸着吃。倒入红味（用红糖等熬成的酱汁），用竹签把粄面划拉开，使酱汁浸透均匀，适当搅拌后整块挑起一口嗍掉。②裹上面糊炸着吃。这种吃法，颇有几分日本"天妇罗"的意思，外皮酥脆，就像煎饼一样；内里柔嫩，如同果冻一般。吃的时候再蘸以红味，堪称绝配，令人回味。

如果把味酵粄当成主食的话，它就和面条、米粉、面线类似。不同的是粄需要切成条块状炒着吃，加入客家人喜爱的香菇、鱿鱼、肉丝、葱花，最后再来点胡椒粉，大盘呈上。炒味酵粄可以说是客家菜馆必备的主食之一。

接下来聊一聊味酵粄到底该怎么写。

坊间除了"味酵粄"外，还有"味窖粄"这样的写法。在百度百科上一搜，你会发现这两个词条同时存在，指的都是同一种食物。那么，究竟哪一种写法才正确呢？

首先，味酵粄的原料是米浆，其制作过程中不存在发酵的环节，所以写成"味酵粄"并不恰切，但是又情有可原，因为"酵"字的偏旁是"酉"，凡带此偏旁者，如"酒""醋""酱""酿"等字，几乎皆与庖厨、餐饮有关。根据笔者在自己运营的微信公众号上所做的投票统计和实地调查走访结果来看，赞同"味酵粄"这个写法的梅州市民占大多数。

再来看"窖"，这个字的本义是地窖，即储藏东西（尤其是食品）的深坑。味酵粄多盛放于浅显的碗中，裸露于外，显然与"窖"的本义背道而驰。但作为引申义，似乎也勉强说得过去，至少碗也算是一个小坑嘛——持此观点的是来自湖南的胡希张老先生。对此，有读者朋友提出反对意见，见刘金祥先生在《梅州日报》上发表的《客家话白水字之我见——〈漫说客家话白水字〉读后》[1]，部分摘抄如下：

"漫说"[2] 的标题向读者设问：写"味酵粄"对吗？我的观点是：对！"市场、酒楼这么写，连报纸、电视也常这么写"都没有错。可是，"漫说"对"味酵粄"说什么"客家话里有'粪窖''屎窖''酒窖'……这'mì gào粄'最与众不同的是中间有一个凹下去的小圆'坑'，也应该算是个'窖'了，蘸粄子的'味'就放在这'窖'里。有'味窖'是这种粄子最突出的、独一无二的特点，所以叫'味窖粄'"。

我对作者建议把"味酵粄"写成"味窖粄"的观点不敢苟同。记得六十年前，我在读小学时，就通过我的叶老师认识了"味酵粄"三个字，数十年来的文化宣传工作中，大家都这样传讲、传写，也不见得有什么问题。其实，味酵粄好食又容易做，我年轻时就做过：把大米用清水洗、泡后磨成浆，加入适量土碱水（黄豆萁烧成灰、冲水、过滤），再用开水冲浆，盛在小碗里蒸熟，碗面四周膨胀，中间凹成小"湖"状，蘸红味或豆豉味佐食，故名"味酵粄"。因此，"漫说"的作者为什么要把鲜香韧滑、味美可口、历史悠久的味酵粄的"酵"字改成屎窖的"窖"字？真是令我

① 刘金祥：《客家话白水字之我见——〈漫说客家话白水字〉读后》，《梅州日报》，2015 年 1 月 28 日，第 6 版。
② 指的是胡希张先生此前（从 2013 年 8 月起到当时）在同报同版上连载的《漫说客家话白水字》（这一系列杂文后来被编辑成册，2016 年由中国国际文艺出版社正式出版发行）。胡希张先生认为"味窖粄"才是正确的写法。

百思不解！

还有人主张写作"味搅粄"，因为吃的时候需要先搅拌一下。乍一听似乎也有点道理。但问题是"搅"在客家话中，一来非常少用——客家人多用"摵"字表示搅拌这个动作，如把捣蛋鬼叫"摵屎棍"；二来"搅"在客家话中也是上声字，读作 gǎo，何以到了味酵粄中要变成去声读作gào 呢？

笔者认为，"味酵粄""味窖粄"以及"味搅粄"都不是最准确的写法，"窖""酵"的本字应当是"交"。"交"在客家话中是个典型的多音字，大家最熟悉的读音是 gāo，如"打交"（打架）、"嘈交"（吵架）、"交通"。

"交"的第二个读音是送气的 kāo，可以表示狼吞虎咽，如"尽交肉"（不顾一切大口猛吃肉），此义项今繁化作"咬"。

第三个为破读音，读作 gào，意思是"交换"，此义项今繁化作"挍"。如客家俗语"晓算毋晓售，打米挍番薯"中的"挍"便是"换"的意思。这句俗语讽刺的是那些净做亏本买卖的人，他们虽然会算账，但不懂销售，老是用高价的米去换廉价的地瓜——比喻贵买贱卖，成本大于收益。

味酵粄的本义，实为"味挍粄"——有前辈主张写作"味较粄"，"较"的意思是比较、较量，这当然可以。但说到底，"较"与"挍"皆为"交"的孳乳字，没有本质的区别，根据去繁就简的原则，我们还是统一写作"挍"吧。

"味"在客家话中是酱料的统称。例如酱油，梅县话叫做"白味"；鱼露叫做"鱼味"；吃味酵粄用的蘸料，客家话叫做"红味"。又，当一个人不把另一方看在眼里，准备直接动手时，往往会肆无忌惮地说"打汝何爱放盐放味咩"（教训你还用得着瞻前顾后吗），这里的"味"自然是引申义，但也能从中体会到其本义所在，指的就是做菜用的酱料。

在传统社会，味酵粄不是一年四季随时都有得吃的，它主要集中出现在农历六月上旬农家出新米、市场有余粮的时候（多以"六月六"为主，意思是六六大顺）。从这个意义上说，我们可以将味酵粄理解为庆贺丰收的应节美食。

以前商品经济不甚发达，除了货币交易外，民间还存在广泛的物物交换。在笔者的印象中，2000 年前后，梅州城区还能偶尔见到骑着三轮车上门吆喝"新孩挍旧孩"（新鞋换旧鞋）、"挍糖儿"（换糖果）的卖货郎

（以老年男子为主）。家里如果有不要的鞋子、雨伞、牙膏管什么的，都可以拿去"挍"些新物品或零食回来，质量好一点的旧皮鞋、旧衣服能换一双崭新的塑胶拖鞋，质量次一些或不太值钱的日用品或许就只能换点散装的糖果、饼干了。

"味挍粄"，说白了就是用酱料去换米粄，是传统社会成千上万宗以物易物买卖中的一宗。没有"味"，米粄食之无味，堪比嚼蜡；没有"粄"，再美的"味"也无法吞咽。正因为如此，社会才产生了交换和分工的需求。"味"和"粄"的互换，是一件"1＋1＞2"的好事。"味挍粄"的存在告诉我们，交换是社会存续和个人发展的基础，要想日子变得更加美好，就一定要多与外界交流、交换。

第六节　锥子粄

"锥子粄"——"锥"是男童生殖器的喻体，俗作"朘"，客家话读作 zōi，其本字为"且"，今统一作"雎"（同"雎"）。

锥子粄因名称太过露骨的缘故，被文化人改称为"丁子粄"，或称其为新丁粄、人丁粄、添丁粄。但不管用什么雅称，都包含了"丁"字在里头。有趣的是，"丁"在传统文化的语境里，也用于表示男童生殖器，所谓的"小丁丁"，指的就是这层意思。

锥子粄的制作过程大体是：将过滤煮开后的红糖水倒入粘米与糯米的混合粉中适当搅拌与揉搓，待粄面软韧粘连后，捏出小团，再用手掌搓成圆柱体，随即放进蒸笼中用猛火蒸透；制作时还需要洒上些许食用红色素——红色在传统文化中，始终是寓意兴旺发达的吉祥色。值得注意的是，锥子粄多以供品的形式出现在祭祖仪式或庙会上，寓意家族人丁兴旺、繁荣昌盛。换言之，锥子粄在传统社会更多是属于"圣时"而非"平时"的食品。

大埔的锥子粄，与兴宁的"赏灯"遥相呼应，有着异曲同工之妙，因为它们都起源于原始社会的男性生殖崇拜。

"赏灯"之"赏"，实为假借字，其本字为"上"。"上"在客家话中有多个声调，例如"上班"的"上"读作第一声，"上海"的"上"读作第四声。至于"上灯"的"上"，则必须读作第三声，就像"上子弹""上电泥（电池）"的"上"一样。

通常，"上灯"指的是全体族人在春节期间（通常是大年初一到正月十七八之间，尤以正月十一到十四五之间为盛，可简单理解为元宵节前后）到"祖公厅"悬挂花灯的一系列重大民俗活动。每一盏花灯都代表宗族里上一年新添的一个男丁。富裕点的人家还有一丁配两灯的，主灯挂"祖公厅"，副灯挂在自个儿家里。

上灯的"年度考核"以年二十五为分水岭，因为过了年二十五，便是"入年暇"（小年），算是进入新的一年了。假如有一个小男孩出生在年二十六这一天，那么他得等到下一年的正月才可以上灯。也就是说，代表他的这盏花灯，得先存起来——客家话称之为"囤灯"，谐音"盹灯"。

之所以要囤灯，还有着现实方面的原因。花灯是纯手工制作的，用料讲究、工序繁杂、费时费力，这"年三夜四"（年关将近）的，师傅们都忙着在自己家里准备过年，花灯一时半会儿难以制作完成，所以干脆先放着。事实上，客家人的传统花灯大都是要提前预订的。

客家地区普遍都有上灯的习俗，在梅州以兴宁的尤为出名。兴宁人的上灯习俗格外隆重、有头有尾，用本地人的话说就是"元宵大过年"（元宵节比过年还重大）。上灯过后，到了正月十八前后还得"下灯"，但在口语中没有人会这么说，而是一律称作"暖灯"。

035

所谓"暖灯"，即把拜过祖先的、悬挂在祖公厅的花灯摘下来燃烧。简言之，"暖灯"就是烧花灯。以前的气候比较规律，正月寒冷，室内又无供暖设备，因而燃烧花灯可以驱寒送暖，所以叫做"暖灯"。另外，花灯的火燃烧得越旺，越能代表这个家族人丁兴旺、红运当头。

客家人素以勤劳节俭著称，"暖灯"时不是把整个花灯摘下来，原原本本地放进火里烧掉，而是会先把花灯上面可爱的、好玩的装饰物以及剪纸、贴画扣出来给小孩子玩，做到物尽其用。真正拿到火里燃烧的，往往只是搭建花灯的竹架子。

大家知道，"灯"的繁体是"燈"。但较少人知道的是，"登"在古代是一种礼器（"豆"也一样），见《诗经·大雅·生民》："卬盛于豆，于豆于登。"从外观上看，"登"也是男性生殖器的象形，和"丁"字的内涵并无二致。古人所说的"五谷丰登"，实际上也有"多种多籽""多子多福"的意思。

要之，"燈"也好，"灯"也罢，左边的"火"表示的都是香火，即父系宗族的血脉。花灯，说白了就是"华灯"——"华"的本字就是"花"，在古代这两个字是互通的。华者，精也。在封建社会，人们认为掌握生命密钥的是男人，所以以前唯有男孩子出生才有资格上灯，才允许向列祖列宗奉上锥子粄。

第七节　甜粄

根据客家传统习俗，每逢农历正月二十日，每家每户都要做甜粄、"补天穿"。

"补天穿"讲的是女娲娘娘的故事。根据远古传说，盘古开天辟地，女娲抟土造人，这才有了我们的世界。然而，人类通往幸福的列车还没有出站，"水火不容"的事情就发生了。水神共工和火神祝融因为互相看不顺眼而打了起来。他们打架不要紧，但他们每打一架都会殃及天下苍生，地球一会儿洪水汹汹、一会儿烈火熊熊，人类如同置身地狱，惊魂不定，苦不堪言。

更为要命的是，共工和祝融谁也消灭不了谁，他们总是没完没了地打架，后来，祝融打赢了，共工气得撞断了掌天的不周山，天出现了一个大窟窿。天下万物包括人类都走到了岌岌可危、行将灭绝的危险边缘。就在这时，女娲娘娘挺身而出炼石补天，挽救了苍生。

女娲补天的事迹感动了众人，大家决心报答她。可是女娲是神，如何报答呢？有人提议在女娲娘娘生日那天，每家每户做点美食供奉出去。大家听了觉得这个主意不错，可女娲生日是哪一天呢？有人说是正月二十，有人说是二月二，有人说是三月十五，众说纷纭，莫衷一是。

经过商议，大家还是觉得生日宜早不宜迟，就以正月二十为准吧，这样就算搞错了，女娲娘娘也不会怪罪的。于是乎，每逢正月二十，家家户户就用过年的余粮做起了饼——注意，古代的饼可不是干瘪的饼干，而是富含油、盐、糖的厚重的美食，就像客家地区至今流行的咸煎饼一样，有道是"只有人间闲妇女，一枚煎饼补天穿"。

饼做好以后，除了供自家及亲戚朋友食用外，至少要拿出一块在正月二十当天扔到屋顶上去。人们相信，女娲会派小鸟或松鼠来取食，她一定能够从中感受到人间的温暖，从而继续保护地球。

沧海桑田，时过境迁。客家先民南迁之后，由于南方不产小麦，无法继续做饼之类的面食，于是就地取材，用大米制作的"粄"来替代饼。"甜粄"也就在这样的背景下应运而生。客家的甜粄，实际上相当于北方的年糕，其原料为米（以糯米为主）和糖。一蒸一大盘，蒸好后先切成条状，再切成块状，既可以直接吃，也可以炸了再吃。炸了的甜粄口感更好，不会"黏黏夹夹"。

以前的人们蒸好甜粄后，还要给它插上针线，这才算完整意义上的"补天穿"。而且，农户在"补天穿"的当天，禁止下田劳动、"抲（客家话，音 kāi，挑的意思）尿桶"，否则会触怒火神祝融，新的一年要遭遇旱情，颗粒无收。但此迷信在 20 世纪 50 年代之后便被破除，渐次消失了。[①]

现如今，大多数人都住在套房里，无法往屋顶上扔甜粄。而且，出于维护公共卫生、爱惜粮食的考虑，也很少把甜粄扔到阳台或者过道上纪念女娲"补天穿"了。但至少正月二十吃甜粄的习俗在客家地区保留下来了。

第八节　清明粄

清明粄，顾名思义，属于清明节的应节食品。有趣的是，"清明"一词的客家话发音在"清明节"中读作 qīn mín（文读），而在"清明粄"中读作 qiāng miáng（白读）。受白读音影响，市场上也有一些人将此粄写成"青明粄"——恰巧，清明粄的颜色正是"青"的，和"包青天"的"青"同色，即黑色。

从原料来看，写作"青明粄"也不无道理。因为清明粄由青草汁（将白头翁、苎麻叶、艾草、鸡矢藤、荸荠菜等多种青草除梗、洗净、煮熟后捶捣成的汁）混糯米面（含适量大米）蒸成，味道甘甜，呈饼状。梅州以外的客家地区，如深圳葵涌的客家人会把清明粄做成粽子，里头包上丰富的馅料，咸香扎实。

清明粄的主要食效是祛湿降火，社会功能是提醒人们要慎终追远、孝敬先人。如前几节内容所述，祖先崇拜是客家传统文化的内核。不过，客家人崇先敬祖，不一定集中在清明节。毋宁说，春节、元宵节、中秋节等一年之中最重要也最热闹的节日，才是客家人"敬祖公"的最佳时机。这是因为，"敬祖公"不仅是一项崇高的精神文明活动，而且是彰显宗族经济实力、政治地位和义化水平的绝好机会，当然要选择人员最集中也最空闲的时间段举行，这样才能使团结宗亲、羡煞四邻的效用最大化。

对于清明扫墓，客家话主要有以下两种说法。

第一种说法是"酹地"，读作 sāi tì。酹，就是"倒酒倒茶"的意思，古语词，见苏东坡《前赤壁赋》："酹酒临江，横槊赋诗。"梅县人管"倒

---

① 参考严修鸿、侯小英、黄纯彬：《梅州方言民俗图典》，北京：语文出版社，2014 年，第208 页。

酒"叫"斟酒",兴宁人、赣南客家人则习惯说"酾酒"——顺带一提，梅县话也有同音的另一个词 sāi jiǔ，汉字作"舐酒"，形容嗜酒如命。地，在客家话中不是地板的意思（客家话中地板叫"地泥"），而是指坟墓，特指祖坟。例如，选址造坟，客家话叫"做地"。"酾地"，就是斟好茶、倒好酒，准备祭拜祖先的意思。

第二种说法是"挂纸"。潮汕话也是如此，只不过发音有所不同，读作"过纸"。纸，有的地方指草纸，有的地方指剪纸，有的地方指纸钱，扫墓时或用石块压在坟头之上，或粘贴在树枝上悬挂起来。笔者怀疑，这些会不会是讹传之下发明出来的风俗？"纸"的本字，有可能是"祇"，意思是"土地神"。见《吕氏春秋·季冬》："乃毕行山川之祀，及帝之大臣、天地之神祇。"至于"挂"，笔者认为是"过"，经过的意思。

保留中原遗风的粤东人民建造墓地时都会在祖坟旁边立一块后土墓碑（名称未必叫后土），专门祭祀土地之神后土（也叫皇地祇）。根据传统礼仪，清明祭扫时，要先举行祭拜皇地祇的这一环节，然后才酾酒祭拜祖先。

也就是说，"过祇"（挂纸）、"酾地"原本是祭祀的术语，从顺序上讲，先"过祇"（挂纸）后"酾地"。但由于这两个环节缺一不可，久而久之，不少人把它们的顺序搞混了，"过祇"和"酾地"均成为扫墓祭祀的代名词。殡葬改革之后，传统葬礼发生变化，但食用清明粄的习俗完好地保留了下来。客家的清明粄虽然没有江浙的青团讲究、精致，却与淳朴的客家民风相契合，食之别有一番风味。

第九节　藠粄

如果说"味酵粄"的"酵"字的写法尚存争议的话，那么"荞粄"的"荞"就是一个不折不扣的错别字。因为，"荞"指的是荞麦，而"荞粄"的"荞"应该是"藠"。两者的区别在于：荞是一年生草本植物，柄长，叶呈心形，花色为白色或淡红色；藠属于多年生草本植物，叶长，地下有鳞茎，花色为紫色。

藠的食疗效果很早就被先民发现。《黄帝内经·素问》有载："五谷为养，五果为助，五畜为益，五菜为充，气味合而服之，以补精益气。"按照中医的观点，藠属于"五菜"之一，与葵、藿、韭、葱并列。

从外观上看，藠和葱、蒜都长得比较像，因而也被人称为"火葱"或

"野蒜"。在客家地区，藠的正式名称是"藠头"。科学研究发现，藠头含有大蒜辣素，不仅能消炎杀菌、帮助消化、促进血液循环，而且可以帮助降低血脂和血压。梅州人很喜欢腌制藠头，更喜欢用藠头来制作咸甜相宜、香脆可口的"藠粄"——这才是"荞粄"的正确写法。

第十节　捆粄

捆粄是少数以制作工序命名的一种粄食。"捆"就是包卷起来的意思，因而捆粄也叫"卷粄"。捆粄是丰顺县汤坑镇的特色小吃，有人说它是客家先民南迁后发明的，是中原美食春卷的替代品。与捆粄形状不同、但内容类似的有揭阳市揭西县的"细粄"以及闽西龙岩市武平县的"簸箕粄"。

捆粄的原料为米浆，制作时，取一勺米浆均匀地泼洒在托盘上，隔水蒸熟后拉伸、切割出薄薄的粄皮，随后放进一汤匙炸肉碎、两汤匙素菜——常见的有红萝卜、玉米、豆角、咸菜、菜脯、香芋、豆干、马铃薯等，再将其与肉碎搅拌、碾平，然后卷成条状，封边，最后在表层涂抹一层叫做"蒜头油"的香油或者淋上几勺酱汁，这才算完成。梅州人十分讲究好事成双，所以捆粄通常都是两条起售——主要还是因为一条吃不饱。

如果说三及第汤是腌面的"原配"的话，那么瓷罐炖汤就是捆粄的"第一夫人"。因为，梅州人吃捆粄时更倾向于选择炖盅而非现煮的汤，常见的有田七水鸭汤、胡椒猪肚汤、苦瓜排骨汤等。

第十一节　笋粄

笋粄是大埔县的特色小吃。毫不夸张地说，如果北方人吃饺子必须要有醋，那么客家人吃笋粄一定要蘸沙茶粉，否则这道美食就缺少了灵魂。

笋粄的皮主要由木薯粉配以适量的熟芋或甘薯制成；馅料则包括肥瘦相间的猪肉和竹笋，以及香菇、鱿鱼丝、虾米等。从外形上看，笋粄就像潮汕的粉粿，属于"饺子系"的美食[①]，与之相类似的还有五华的"酿粄"——不过，五华的酿粄已然偏离"酿"的轨道了。笋粄是少数以原材

---

① 根据笔者的调查，最近十年来，梅州地区还兴起了没有笋的笋粄，如豆干猪肉馅的、蟹肉馅的、海参馅的、鲍鱼馅的，种类很多，应有尽有。从这点上看，笋粄已然是"包罗万馅"的饺子了。

料命名的粄食，但通过以上介绍我们知道，竹笋并不是笋粄的全部内容。之所以被命名为"笋粄"，是因为梅州客家人对竹笋有着天然的喜好，堪比明末清初的文学家、戏剧家、美食家李渔对竹笋的推崇："至于笋之一物，则断断宜在山林，城市所产者，任尔芳鲜，终是笋之剩义。此蔬食中第一品也，肥羊嫩豕，何足比肩。"（《闲情偶寄·饮馔部》）

客家地区竹类资源丰富，有毛竹（又称苗竹）、青皮竹、绿竹、黄竹、粉竹、泥竹、甜竹、麻竹、观音竹、箭竹等十多个品种。"竹"字在客家话中是"祝"的同音字，历来被老百姓视为喜庆、平安、向上的象征，所以客家地区不少地方都以竹而名，像梅县区的黄竹洋村，平远县的筀竹村，大埔县的甜竹村，丰顺县的箭竹村等。

根据清同治《赣州府志·舆地志·物产》的记载："笋，有苗竹笋、斑竹笋、筀竹笋、甜笋、苦笋。其最美者曰冬笋，冬月于土中掘得之，味胜春笋，惟苗竹有之。"由此可见，以竹笋入馔，在客家饮食文化史中由来已久。客家地区食用的竹笋主要是冬笋和春笋。

冬笋即口感鲜甜、爽脆的甜笋。大埔笋粄所用之笋正是冬笋。除了用来制作笋粄外，冬笋还有另外两种主流的做法：一种是"冬笋炒腊肉"。冬笋的爽口、鲜嫩、甜美、清香搭配腊肉的咸香，令人回味无穷，如果再加上一点剁碎的咸菜，则更让人食欲大振，成为"嘹饭"的最佳伴侣。冬笋的另外一种传统做法是拿来焖"三层"（五花肉），客家话叫做"笋儿焖肉"，即将冬笋切成块状，与五花肉一同放在大锅中，加入些许酸咸菜，放入适量的水，大火煮沸后盖锅用文火焖熟。竹笋性寒，单独烹调时有苦涩味，五花肉的肥腻恰好可以中和竹笋的"寡味"，使得竹笋鲜脆爽口，吃起来又有大快朵颐的豪迈。其口感与客家人粗犷的个性相得益彰，成为梅州客家人招待亲朋的不二选择。

春笋即白白嫩嫩、清脆滑口、苦中带甘的苦笋，以春末出土的笋苞为上品。苦笋别称甘笋、凉笋，生长于崇山茂林之中，遍布客家地区。然而令人感到讶异的是，闽粤赣客家大本营中，唯有梅州吃苦笋蔚然成风，其他地市鲜有耳闻。梅州的苦笋以梅县松源、大埔等地出产的最为有名。

梅州人爱吃苦笋，首先是因为了解苦笋本身的功效，并且对此深信不疑。李时珍《本草纲目》有载："苦笋味苦甘寒，主治不睡、去面目及舌上热黄，消渴明目，解酒毒、除热气、益气力、利尿、下气化痰，理风热脚气，治出汗后伤风失音。"现代中医理论也认为，苦笋中呈苦味的糖苷有刺激巨噬细胞生成的作用，该细胞有防癌解毒的功效；苦笋含丰富的纤维素，能促进肠道蠕动，从而缩短胆固醇、脂肪等物质在体内的停留时间，故有减肥和预防便秘、结肠癌等功效。

梅州人爱吃苦笋，其次是地理环境和气候使然。清康熙《程乡县志·气候》有载："程之气候，正月桃花，十月犹菊，虫蛰未启，桐木先华；深秋不霜，隆冬不雪，盛夏之际，炎湿相蒸。"由此可见，梅州人喜食苦笋的饮食习俗与梅州本身异常湿热的地理环境及气候条件有着密切的关系。反观闽西、赣南的客家人，因为地处岭北、为亚热带湿润气候之故，四季相对分明，气候也比较温和，没有形成吃苦笋的习惯。

梅州人喜欢吃苦笋的最后一个原因是苦笋本身的稀缺性。因为市场上流通的苦笋多为野生，难以栽培，这在很大程度上决定了苦笋的价值，毕竟物以稀为贵。

"笋粄"之名之所以成立，还有一个重要原因就是它与"顺"谐音，迎合了客家百姓求吉求顺的社会心理——或许有读者会提出质疑："笋"不是和"损"更谐音吗？诚然。只不过，"损"在客家人的口语中几乎不使用，取而代之的是"折"。此外，客家话没有平翘舌之分，所以在客家人的第一印象中，"笋"的谐音字应当是"顺"而非"损"。"顺"的意思不言自明，"一帆风顺""顺风顺水""一切顺利"等都是大家耳熟能详的吉利话。所以，"笋粄"也就是"顺粄"，是能带给人们好运的一种美食，怎会不受到欢迎呢？

041

第十二节　发粄

发粄别称"碗粄""钵粄""勃粄"，是梅州客家人逢年过节、婚丧嫁娶时最常食用的、颜色最多样的一种粄，通常有红、白、黄三种颜色，其中红色用于喜事，白色用于丧事，黄色没有特殊含义。平时，梅县人吃发粄，多喜欢红色的，其次是黄色的。

制作发粄时，要先浸泡粘米，然后才磨成米浆。米浆中需要掺入适量的酵母（客家话叫做"酒饼儿"）和红曲，待其充分发酵后加入白糖，倒进碗钵中蒸熟即可。

发粄口感酥软、粉嫩、香甜，不仅能满足人的食欲，而且寄寓了客家人乐观豁达、积极向上的处世精神。这是因为，发粄蒸熟后会从钵面隆起"咧笑"——所谓"笑口常开"，"笑"在客家话中可以用作形容词，表示开口、缝隙。客家人认为，生活就应该像发粄一样，越"笑"才会变得越美好。

　　发粄主要有两种吃法：一种是现蒸现吃，另一种是将蒸好的发粄切成片、煎炸过后再吃。两种吃法各有特色，但同样美味。

　　顺带一提，"发"在客家话中存在文白异读，文读 fǎt，白读 bǒt，"发粄"的"发"无论读哪一个都是可以的（后者更常见）。不过，当我们说恭喜"发财"的时候，只能读作 fǎt cói，千万不能说 bǒt cói，因为 bǒt cói 汉字作"发痤"（客家话说"发痤儿"比较多），指的是长疮疖，见《说文解字》："痤，小肿也。从疒，坐声。"

第三章　粥、粉、面、饭

第一节　菩米粥

在梅州人的传统宴席上，主食所占的比例较大，主要有粥、粉、面、饭、粄五大类，其中最受欢迎的是米饭和粄食，最不受待见的就是粥。传统客家粥的吃法简单得不能再简单，无非就是白粥配咸菜、菜脯或者萝卜苗。

近几年，随着社会经济的发展和人们饮食观念的转变，街面上新开了不少专门喝粥的菜馆。我们不难发现，这些粥菜馆十有八九都是外地人开的，主营的也都是潮汕的海鲜砂锅粥，而且里头一定少不了米饭供应。

在老一辈的梅州人看来，粥属于用来调理肠胃的病食，又或者说，粥是牙口不好的老人家才吃的主食。改革开放之前，客家的小孩子都不怎么喝粥，从出生吃奶到食羹，待长到差不多大了就直接吃米饭，持续喝粥的情况并不多见。

客家人不爱喝粥，有着深层次的历史、经济原因。客家俗语有云："盐摎①粥，香鸡肉（yám lāo zǔk，hiōng gē nyiǔk）。"所谓"盐摎粥"，说白了就是没有菜吃，只能用粗盐就着白粥果腹。所谓"香鸡肉"，实际是苦中作乐的一种比喻。客家人爱吃盐焗鸡，把同样咸得不得了的粗盐粥比作"香鸡肉"，你说乐观也行，无可奈何也罢，说到底还是因为贫困。

因而，粥在传统客家饮食文化的语境里，就是贫苦生活的象征。客家人在教育小孩子时经常说"阿妹，汝时爱认真读书噢！定摆食粥食饭就看汝自家矣"（孩子啊，你可得好好读书！将来吃饭还是喝粥就看你自己了）。言外之意，没出息只能喝白粥，有出息就能吃米饭。这不禁让人联想到旧社会官府赈灾时向灾民施舍白粥的场景——或许在客家族群的历史记忆里，喝粥也意味着流离失所的艰苦生活吧。

---

① 摎，《集韵》："力交切，音寥。物相交也。"客家民间俗作"捞"，搅拌的意思，如客家话的"味摎饭"即酱油拌饭。

以前的客家人不怎么爱喝粥，还有个重要原因就是食材的匮乏。你看潮汕地区，海产丰富，粥食必然甘鲜美味。又比如说北方地区，谷种丰富，有小米粥、八宝粥、玉米粥等，选择很多。客家地区谷种单一，能做的粥食也就只有白米粥了。当然，虽说五华有菩米粥（实际口感可能还不如白粥），陆河有茗粥，但这些都改变不了客家人不怎么爱喝粥的事实。大家首选的主食还是米饭，其次是粄食。现在来说，客家人通常只有在吃得太饱或吃了过于咸口、油腻的食物之后，才会来点白米粥以清清口、中和一下肠胃。

除了食材方面的原因外，喝粥不扛饿也是客家人不喜欢喝粥的原因之一。在农耕时代，客家老百姓大多从事重体力活，喝粥的话根本不足以补充能量。直到今天，比如说平远、蕉岭的客家人吃早餐，别说喝粥了，就连米粉、面食都很少吃，大家伙儿一起床就大口吃饭、大口吃肉，这样一来，一直干活到中午都不会觉得饿。

方才提到五华的菩米粥，需要指出的是，菩米并不是大米的品种，不是直接栽培出来的。它属于熟米，用刚脱粒的湿谷倒入锅中煮沸到谷壳破裂，捞起晒干后砻、碓而成。菩米呈黄褐色，看起来比生米（收割的稻谷未经煮制直接去壳而成的大米）粗大，口感略硬。菩米在以前多写作"煏米"或者"浦米"，之所以改称"菩米"，一是因为菩米本身的功效——据说，常吃菩米有助于健脾强胃、驱寒祛湿、降血糖和防治脚气病；二是客家地区流行菩萨信仰，乡民认为熟米的发明乃拜菩萨所赐，加上"菩"与"煏"同音，乃有此名。

据考证，福建上杭、古田、永定等地在过去也盛行喝菩米粥，但现在几乎只在梅州五华一带流行，尤以长布的最为有名。所以现在提起菩米粥，立马浮现在人们脑海中的就是五华。

第二节　鱼粉

梅州客家的鱼粉主要有两种：一种是梅州城区的"鱼头煮粉"，属煮粉类；另一种是梅县松口的"鱼散粉"，属炒粉类。

鱼头煮粉是用草鱼烹煮的一道味道鲜美的美食，多作夜宵，它用的鱼是草鱼，客家话叫做"鲩儿"。客家人很早就发现，用草鱼熬出来的汤，颜色格外纯白，味道异常鲜美，用来煮米粉最适合不过。因而"鱼头煮粉"其实就是"草鱼汤粉"。

一份鱼头煮粉的标配是：半个鱼头、一条鱼尾、两块鱼肉、三粒鱼丸，再佐以几片白萝卜、若干姜丝和芹菜。如果觉得不过瘾，还可以加料，添上鱼肠、鱼泡等。按理说，鱼头熬完汤就可以扔掉了，鱼尾更全是骨头，食用性极低，但客家人仍然要把它们放进米粉之中，寓示人们做事要有头有尾、善始善终。

鱼散粉则是梅县区松口镇的特色美食。"散"在客家话中有"碎"的意思，因而"散钱"被客家人叫做"碎纸"。单从字面上理解，"鱼散"就是鱼肉碎渣的意思。通常，用来做鱼散的都是鲮鱼，客家话叫做"甜儿"。

鱼散粉的关键在于鱼散，其做法大概是：取重约三斤的鲮鱼，洗净、宰杀之后剁鱼头、去鱼鳞、剔中骨，将鱼肉剁成酱，加姜丝放进油锅中爆炒，直至鱼肉呈金黄色。鲮鱼因为肉质较为甜美，有一定的黏度，炒熟之后会变成粒状散开，这散开的鱼肉粒即"鱼散"。

客家话中"鱼"与否定词"毋"（俗作"唔"）谐音，因而"鱼散"就是"毋散"的意思，象征不离不散、家族团圆。鱼散本身带有甜味，再配上同样甘美的酒糟以及鲜脆的包菜，使米粉变得异常美味的同时，也让四周弥漫着一股诱人的芳香。

第三节　醃面三及第

醃面，又作"腌面""掩面"，是梅州客家地区的一种特色面食。笔者一贯主张写成"醃面"，是出于"腌"和"醃"这组汉字在客家话中发音、含义不同的缘故。

首先来看"腌"字。这个字属于唇内入声字，在《唐韵》中是"于业切"，《集韵》中是"又业切"，《韵会》中是"乙业切"——虽然上切字各不相同，但其实读音是一样的。客家话保留古音，"腌"字念作 yǎp。《说文解字》对"腌"的解释为"渍肉也"。实际上，但凡用盐浸渍的食品制作过程，皆可用"腌"来表示，不限于肉类，见宋代朱敦儒《朝中措》："自种畦中白菜，腌成瓮里黄齑。"客家话同时保留古义，传统家庭几乎都有自己动手"腌咸菜（yǎp hám còi）"的习惯。要之，"腌"的读音是 yǎp，意思是腌渍食品。

"腌面"的"腌"，不读作 yǎp 而读 yām，它的意思也不是用盐等浸渍食品，而是表示一种烹饪手法，即将生鲜的食材用沸水焯熟后直接佐以食用油、酱料等，搅拌均匀即可食用。也就是说，"腌面"的"腌"所表示的是和"腌"的本义完全不同的概念，而且发音也明显不同，所以用其异体字"醃"来表示更为恰切。再从字形上说，"醃"字的形旁是"酉"，和"酒""酱""醋""酿"等与酱料相关的汉字一脉相承，含义一目了然。

醃面到底是一种怎样的面食呢？从本质上说，醃面就是一种热拌面，所以也有人主张写作"掩面"。其做法是：将生面放入沸水中焯熟，倒进事先准备好的料碗中，碗中备有大块猪油、些许酱油等调料，稍微搅拌一下，撒上葱花、香炸蒜蓉等。食客等到醃面上桌后，通常还会亲手用筷子再搅拌一遍。醃面必须趁热吃，否则猪油冷却，面条很容易坨成一团，影响外观和口感。正因为如此，醃面不太适合打包外卖，只能堂食，现做现吃。

据说，醃面的前身是"红味面"。客家话称"酱"为"味"，所谓"红味"，就是用红糖和姜共同熬制而成的一种蘸料，多用于配"味酵粄"。红味面，顾名思义，就是用红味、盐、油等搅拌而成的面食，食用时需一边吃一边再搅拌，味道甜中带咸。现在梅州城区还有少数几家供应红味面的小店，但就人气而言，显然不如用猪油拌的醃面。

经过一些媒体的宣传报道，近年来红味面略有复活的迹象，但仍然无法扭转它被醃面取代的趋势，这与人们生活水平的提高是密不可分的。以前流行吃红味面是因为当时猪油的价格还不甚亲民。现如今，猪油早已不是什么稀罕物，自然人人都喜欢吃更香更美味的醃面了。

时代在进步，醃面也在不断改良。早期的醃面以梅县醃面为代表，多用机打面，拌以葱花、蒜蓉，相对简单。现在的醃面以大埔醃面为代表，多用手工面，会在面中加入约一汤匙分量的瘦肉茸以及些许豆芽、几片生菜等，最后再撒点胡椒粉和葱花（鲜用蒜蓉），内容丰富，口感更佳。更为重要的是，一碗大埔醃面的价格与梅县醃面相差无几，所以大埔醃面发展得十分迅猛。如今，除了传统的大埔手工面外，还有菠菜面（绿色）、胡萝卜面（红色）、鸡蛋面（黄色）等不同的面种供食客选择，物美价廉。

除梅县、大埔的醃面外，丰顺和蕉岭的醃面也各有特色。

丰顺的醃面店多集中在县城汤坑，所以也可以称之为"汤坑醃面"，其特点是多用熟面（有的甚至直接用方便面）而不用生面，口感略微偏向潮汕风味。对于习惯了梅县、大埔醃面的食客来说，可能有点吃不习惯。

蕉岭县城有鸡肉醃面，它是在梅县醃面的基础上略加改良而成的，最大的特色就是面上多了一小份手撕鸡胸肉。现在梅州城区，也出现了一两家主打蕉岭"鸡肉醃面"的店铺，但蕉岭更有名的还是"三及第汤"。

　　不论是哪个地方的醃面，都少不了汤。在客家人的饮食观念里，"醃面"一定是包含了"煮汤"在里头的，而其中最具代表性的莫过于"三及第汤"了。它简称"三及第"，是用猪瘦肉、猪肝、猪粉肠混以枸杞叶、红背菜、生菜等青菜（青菜可任选其一或自由搭配）煮的汤，现煮现吃。"三及第"的命名，饱含了师长们对莘莘学子的殷切期望，也体现了客家人耕读传家、"学而优则仕"的价值取向。

　　"三及第"有特定的文化内涵，它指的是"连中三元、进士及第"、金榜题名。概而言之，就是在古代科举最重要的三场考试中连拔头筹，连续获得"解元""会元""状元"的优异成绩。以清代为例，学子们必须依次通过县试、府试、院试，才能取得府州县学的入学资格，成为"生员"；生员参加学政主持的科试，合格之后才有资格参加乡试。乡试合格者为举人，举人中的第一名称作"解元"；举人继续参加会试，会试合格者为贡士，贡士的第一名称作"会元"；贡士参加最后一轮的殿试，殿试合格者为进士（含一甲三名的"进士及第"，二、三甲各若干名的"进士出身"和"同进士出身"），进士的第一名称作"状元"，连同第二名的榜眼、第三名的探花一同被赐予"进士及第"，合称"三鼎甲"。

　　古代科举考试名额有限，周期较长，竞争激烈，能够跻身举人之列就已经算是莫大的成功了，因为中举便有了做官的资格，家族的命运或许就此发生质变。举人想要成为进士，还得经过会试，而想高中"状元"，那更是难上加难。即便成为新科状元，此前也未必是解元、会元出身，所以"三元及第"基本上是不可能实现的梦想，只能说它代表着客家人对功名、出仕的强烈渴望。

　　我们知道，历史上客家人大多在偏远、险僻、贫瘠的山区聚族而居，想要改变命运，唯一的出路便是考学。这一点，早在800多年前就被人一语道破了，南宋王象之《舆地纪胜》载："方渐知梅州，尝谓'梅人无植产，恃以为生者，读书一事耳'。"

　　回到"三及第汤"本身，我们看到，猪粉肠、猪肝、猪瘦肉皆为荤菜，市场价格由低而高，分别象征解元、会元、状元。如前所述，乡试合格即为举人，有了出仕的资格，可谓半只脚踏入了"肉食者"的行列。虽然《左传·曹刿论战》载："肉食者鄙，未能远谋"，但古代寒窗苦读、奋命科考的学子中，试问谁不想成为"肉食者"，摆脱"草民"的命运呢？与猪粉肠、猪肝、猪瘦肉搭配的素菜，实际就是"平民百姓"的象征。

　　也就是说，三及第汤除了在物质上满足人们最基本的果腹、营养需求外，也从精神上劝勉读书人勤加努力，争取早日金榜题名，实现从草民到肉食者的华丽转身。古人认为，人生有四喜，"久旱逢甘霖，他乡遇故知。洞房花烛夜，金榜题名时"。在这四喜中，"金榜题名"虽然写在诗句的末尾，实际却是人生中最大的欢喜。因为在古代，金榜题名意味着高官厚禄，其他的"喜"都不在话下。正因为如此，"三及第"的"原配"一定是腌面——还有比这更有面子的喜事吗？

现在去客家餐馆，除"三及第"外，还能看到诸如"五及第""六及第"这样的招牌。"及第"在这些餐馆中已然成为"猪内脏"的代名词，丝毫没有文化内涵了。

值得一提的是，梅州市委宣传部、梅州旅游局等政府部门为了推广腌面，曾于2017年11月在梅江区客天下举办了"六千岁山茶油杯"首届梅州腌面大赛，在220多个参赛商家中评选出"梅州十佳腌面"。

2018年7月，蕉岭县委宣传部和梅州市广播电视台等部门又联合举办首届梅州市"蕉岭三及第"电视大赛，评选出"蕉岭三及第"十佳店①。

顺带一提，在闽西上杭，有一道可以和梅州的腌面煮汤媲美的特色美食——拌面兜汤。上杭拌面，实际也是腌面的一种（反过来也可以说，腌面属于拌面的一种），也就是滨海客家所说的"捞面"（捞面）。上杭的腌面，多选用形状扁平的熟面，调味则以酱油为主（梅县的腌面多以圆润的生面为主，拌以猪油）。

兜汤有牛兜和猪兜两种，因为放有胡椒，吃起来有点类似于河南的胡辣汤。与梅州的三及第汤不同的是，兜汤不是现点现煮现吃的，而是从事先煮好的一大锅中盛出来，不配青菜。不管是牛兜还是猪兜，都用芡粉腌制而成，肉感硬中带软，风味独特。

为什么叫"兜汤"呢？根据当地店家的介绍，这是因为以前做这门生意的，都是"走江湖"的摊贩。"兜"有两层含义：一是兜售，二是"搬凳子过来吃"——在客家话中，"兜"就是"搬"的意思，"兜凳儿"即"搬凳子"。

旧时的摊贩都是沿街叫卖、四处兜售的，在塑料商品普及之前，凳子要么是竹制的、木制的，要么是石头做的——石凳自不必说，就是竹凳、木凳也不轻，不便背在身上走动（大多数摊贩都是劳苦大众，当时也没有小三轮）。美味的肉汤都送到村里头、家门口了，让大家从家里"兜"出凳子过来吃也不为过吧！

---

① http://www.gdmztv.com/2018/0708/214687.shtml.

第四节　韭菜炒面

农历三月十九日这一天对于梅县、大埔一带的客家人而言是个非常特别的日子，传说这一天是太阳的生日，每家每户都要吃韭菜炒面（肉料多为黄鳝加猪肉丁）。细心的读者肯定要问了，"太阳"的客家话不是"日头"吗？为什么不叫"日头生日"而叫"太阳生日"？

其实，"太"就是"大"，客家话中这两个字的发音完全相同；"阳（光）"就是"（光）明"；"生"表示"往生（去世）"；"日"即"日子"。将"太阳""生日"合在一起理解，就是"大明亡国之日"。也就是说，太阳生日并不是为了纪念太阳的诞生，而是为了悼念明朝的覆亡。

梅县区松口镇铜琶村有座非常有名的、始建于明朝末年的老宅子，名叫"世德堂"。乍一看，这"世德堂"除了占地面积大一点外，与普通的围龙屋相比似乎并无二致——大门前也挂有门匾，两侧嵌着楹联。

客家话"字""事"同音，为求平安无"事"（字），门联上通常只有八个字，上下联各四个，这可以说是客家楹联文化的一个特色，这点世德堂也不例外。但细看发现，与普通的客家老屋将楼名、堂号拆解成上下联不同的是，世德堂的楹联竟然是"保世滋太，明德惟馨"——将"世"与"德"置于第二个字而非首字，两联首字合在一起就是"保明"。很明显，建造这座老宅子的主人的志向是"保卫明朝""复兴明朝"（客家话"馨""兴"同音）。

进入世德堂，也会发现这座老宅子的很多细节确实与普通的围屋有所不同。比如，它所有屋顶采用的都是一种被称为"三堂不见瓦"的宫廷装修风格，这在当时的梅州是绝无仅有的，除非朝廷命官，断不能建。再有，世德堂的"户槛"（门槛）格外地高，房间与房间的间距也出奇地大。

根据当地人的说法，明面上建造世德堂的人是李直简，实际是他的叔叔李二何（李士淳）。与"世德堂"同时竣工的，还有另外9座同等规模的大屋。这个李二何不是别人，正是筹资兴建"元魁塔"的大官——明末翰林院编修、东宫侍读，即明朝太子朱慈烺的老师。他建造世德堂的真正目的是保住大明皇室的血脉，同时也为反清复明提供一个基地。也就是说，世德堂是为朱明而建的。

众所周知，明末李自成率部攻陷北京之后，崇祯皇帝自缢于煤山，太子亦为闯王所获。和太子同时被俘的还有李二何。后来，李二何趁乱携太子及一众亲信设法逃了出来，一路南下来到了梅县老家。世德堂就是在这样的时代背景下兴建的。不难想象，建造如此庞大、奢华的世德堂，仅凭个人或地方的经济实力是绝对不够的。此外，将宅子建在元魁塔的附近，也是出于军事上的考虑——元魁塔高耸在江边，可以起到瞭望、发出警报、抵御进攻的作用。一旦发现敌情，可以及时通报居住在世德堂里的太子、重臣，以便他们及时撤离。

1644年清军入关以后，势如破竹，一路追剿南明政权。与此同时，东南沿海诸省的反清起义愈演愈烈。应该说，郑成功、李定国等抗清的中坚力量，曾给予李二何莫大的信心与勇气，他甚至一度登上元魁塔愤然赋诗：

> 东山何处最崔嵬？狮象滩头浪滚雷。
> 石破天惊衮客至，披肝沥胆紫宸开。
> 赵云阿斗肩孤命，仁贵征袍护主来。
> 收拾金瓯掀铁臂，龙飞九五又重回！

不久，李二何又联合罗万杰、赖其肖、谢元汴等在粤东的仁人志士，试图说服潮州守将郝尚久、吴六奇倒戈反清，怎奈以失败告终。在此之前，太子朱慈烺已到李二何年少时经常到访的灵光寺出家做了和尚，法号"衮山"（也就是李诗中提到的"衮客"）。李二何策反失败后，出于安全考虑，他将"衮山大和尚"转移到了书坑村小阴那山的祥云庵，在此"选天下之端士，孝悌博闻有道术者，以卫翼之，使与太子居处出入"。（汉代贾谊：《治安策》）

正当此时，听闻邻县兴宁有高僧"牧原和尚"（何南凤），李二何便陪同太子一道前往其住处学禅。衮山大和尚从此大彻大悟，潜心佛门。不过，传说他晚年还偷偷去了一趟越南——熟知历史的读者应该知道，清朝建立之后，大批的明朝百姓移民去了越南，号曰"明乡人"（或作"明香人"）。

衮山大和尚六十多岁圆寂于广州报资寺，骸骨归葬祥云庵以后，灵光寺便开始供奉起了"太子菩萨"的牌位。有清一朝，为掩人耳目，避免不必要的麻烦，每逢农历三月十八日，寺里的和尚就会以"稗子菩萨"的名义下乡化缘，挨家挨户送上保平安、除稗草的灵符。"稗子"实为"太子"的谐音，其真身即衮山大和尚。

客家人选择在接受"稗子菩萨"灵符的翌日（也是崇祯皇帝的忌日）

举办祭祀"太阳"的庆典。这一天，每家每户都要准备三牲、硕果、佳酿，向着东方祭拜太阳，一边祭拜一边唱道："太阳三月十九生，家家户户点红灯。太阳一出满天红，家家门前挂灯笼。太阳明明珠光佛，四大神明掌乾坤。"

回到饮食本身。"太阳生日"这天吃的"韭菜炒面"究竟是怎样的呢？

从食材上看，原材料主要有韭菜、猪肉和黄鳝。从文化内涵上说，"韭"与"九"同音，恰好九画，象征九五之尊；"猪"与"朱"同音，暗示朱明王朝；"黄鳝"形似龙身，谐音"皇上"；"面"在客家话中通"恊"，"恊"又通"缅"，即想念、缅怀的意思。合在一起就是提醒在清廷统治下的客家老百姓不要忘了朱明王朝，不要忘了反清复明的大业。

顺带一提，有些客家人忌讳说韭菜，而要说"快菜"，这是因为"韭"与"久"谐音。我们知道，"久"的意思是等待时间长，暗含许多不确定因素，因而要越快越好，快者乐也。

类似地，黑不溜秋的酱油，梅县话叫做"白味"①；红彤彤的猪血，客家话叫"猪红"或"猪旺"，避开血光之灾，日子过得红红火火；个别农村地区忌讳"干旱"，遂改称猪肝为"猪润"或"猪湿"；生意人害怕做折本买卖，遂改称猪舌头为"猪利"，或作"猪脷"，以求赚钱盈利。

若是靠水吃饭的人家，吃鱼翻身时一定要说"顺转来食"，而忌讳说"反/翻转来食"。因为"反""翻"在客家话中白读皆为重唇音 pōn，前者意为呕吐，汉字作 **疧**（《集韵》："心恶吐疾也"）；后者表示翻船。

第五节　伊面

日本料理"味千拉面"相信大家都不陌生。北上广深等一线城市自不必说，就是在国内的三四线城市，也可以发现它的店铺。

理所当然地，大家会认为"味千拉面"发祥于日本。没错，"味丁拉面"创始于日本昭和四十三年（1968）熊本县，其创始人是重光孝治——乍一听，这是很典型的日本人名。殊不知，重光孝治是来自台湾美浓的客家人，他15岁才去的日本，其原名为"刘坛祥"。由于缺乏族谱资料的记载，刘坛祥的祖籍地在哪里无法确定，但可以推测，刘坛祥极有可能是从客都梅州迁徙到美浓的后裔——美浓客家人多半来自梅州，特别是蕉岭和

051

---

① 梅县以外的地方鲜有"白味"之说，多称酱油为"豆油"或"豉油"。

梅县这两个地方。

据重光孝治之子重光克昭在电视节目中的介绍，他的父亲深受美浓客家油葱酥的启发，对传到熊本的福冈猪骨拉面进行改良，加入熊本当地的洋葱酥，这才有了闻名遐迩的味千拉面。味千拉面一开始只是一种面食，后来才逐渐发展壮大为一个知名品牌。

日清食品集团的创始人安藤百福原名吴百福，是泡面的推广家，同样来自台湾。只不过，以目前现有的资料尚无法判断吴百福是不是客家人。

据中国水稻研究所玄松南老师的介绍，在日本发明的泡面和福建客家的"伊府面"有着一脉相承的关系。据史料记载，清代乾嘉年间福建宁化城关客家人伊秉绶出任扬州知府期间，发明了一款方便随时食用的油炸面，人称"伊府面"，简称"伊面"。伊面和现代泡面的制作原理、吃法几乎一模一样。因而，早期日清的泡面传入香港的时候，都被翻译成"伊面"。

值得注意的是，现在坊间普遍认为安藤百福是泡面（客家话叫做"速食面"）的发明者，但其本人及日清集团似乎从未强调这点。应当说，福建客家的伊面是日本泡面的鼻祖，只不过后者更为有名、影响力更大罢了。

第六节　汤南炒面线

众所周知，梅州是世界客都，号称"纯客市"。然而，梅州本地人并非全都会讲客家话。在梅州，大约有10万非客家的本地人口，他们主要定居在丰顺县和大埔县。如前面章节所介绍的，这两个县在明清时期属潮州府管辖（丰顺县成立于清乾隆年间），与清雍正年间成立的嘉应州之间不存在隶属关系。

盛产面线的丰顺汤南和留隍二镇，以及大埔埔东、九社等地是梅州典型的"福佬"文化区。"福佬"这个词，又称"鹤佬""学老"——客家民间戏称，闽方言学到老都学不会，所以叫"学老"。不过，从字音上可以判断（客家话"鹤""学"同音），这是客家人给闽语族群取的称谓。客家话的"学"也好，"鹤"也罢，都是模仿闽南方言"福"字的发音。换言之，闽南话、潮汕话的"福"在客家人听来就像是"学""鹤"。

福建简称"闽"，该省最早期的居民——古越人在历史上饱受中原人的歧视。在百越之中，有一支族群叫做"狜"，尽管后来"狜"字被改成了"佬"，也依然无法改变它作为贬义词的宿命——在现代汉语中，"佬"

多用于对成年人的蔑称。顺带一提，现在流行的"大佬"一词，实际应该写作"大老"，意为老大、头领。

方言口语中使用"佬"字最多的，第一是广府人，其次是客家人。这说明，在遥远的古代，和广府先民、客家先民接触比较多的百越人，主要还是猺人。顺带一提，梅州客家话形容丑陋、低劣的特色词"俚"，也是源于对百越的歧视，因为"俚人"也属于百越的一支。

由上可知，"福佬"本是个不太礼貌的称呼，说得直白一点，就是客家人认为讲闽语的人都是"闽越"的后裔。面对"福佬"这个称谓，不同地区的闽语族群表现出不同的态度。闽南地区（漳州、泉州、厦门及台湾）的人顺水推舟，说"福佬"其实是"河洛"的谐音，"福佬人"就是"河洛郎（'郎'的本字为'侬'）"；广东海陆丰地区的人大都欣然接受，且不乏自称"福佬"者；潮汕地区（揭阳、汕头、潮州三市）的人则表现得比较排斥，闻之反感。

笔者在此建议各位读者一定要慎用"福佬""学老""鹤佬"等词。且不说当事人听到、看到会作何反应，就是"福佬族群"本身，也不过是客家人想象出来的共同体。事实上，闽南人、海陆丰人、潮汕人、雷州人和海南人尽管在历史渊源、语言文化、风俗习惯上极其相似，但彼此之间无论是在历史上还是现实生活中都是没有什么认同感的。

言归正传。2012 年 7 月，汤南面线被梅州市人民政府列入第四批市级非物质文化遗产名录。尽管如此，依然不能改变面线属于"闽菜"的事实。因为，面线（或曰"面干"）广泛见于闽南文化圈，在厦门、泉州等地也十分普遍。据介绍，汤南的面线应该是清代从闽南地区传过来的，历史并不算十分悠久，但确实做出了自己的特色，广受好评。

说了这么多，这汤南面线到底是怎样的呢？笔者根据对汤南镇新楼村的走访得知：

汤南面线完全有别于面条。它的储存时间久，本身又细又密又长，仿若千丝万缕的金梭玉帛，既可以作为小吃生吃，也可以当作主食就韭菜炒着吃。因为自带咸味，所以不管怎样烹炒，通常都不需要再放盐，或者酌情添加微量食盐即可，否则会过于咸口，难以下咽。汤南炒面线口感细腻而爽快，嚼劲十足，很是特别。

汤南面线的主要原料是高筋面粉、食盐（按 13 斤食盐兑 100 斤面粉的比例）、纯碱、花生油及清水等。面线制作工序繁杂，要求严格（制作者要有足够的力气和耐心，还要有专门的工具，比如粗筷和特大型的饭甑等；另外对天气也有要求，必须在天晴日暖的日子制作，属于典型的"看天吃饭"的活儿），费时较长（几乎要一整天的时间），而且无法单独完成，一定要有多人分工合作。因而，在汤南制作面线的，通常都是专业的家庭手工作坊。

面线最主流的吃法就是炒着吃。炒之前，要将面线放进大锅里用沸水煮开，然后捞起来用冷水冲洗数遍，待面线基本晾干后才能下锅翻炒。值得注意的是，在炒面线乃至吃面线的整个过程中，面线都是不可以折断的，这是因为"面"在潮汕话中与"命"谐音，一定要越长越好，不可中断。

第七节　横陂小炒

但凡客家人聚居的地方，一定少不了叫"陂"的地方。以梅州为例，梅县有"三陂"，大埔有"高陂"，兴宁有"坭陂"，五华有"横陂"。

这个"陂"字，实际和日本"大阪"的"阪"，"如丸走坂"的"坂"一样，均属于"坡"的异体字。只不过，在客家话中，"陂"的读音是 bī，和英文字母 B 的发音类似，而没有"坡"这样的写法。

说文解字到此结束。本节要和大家分享的，是五华客家的一道特色美食——横陂小炒。

说起横陂，可能很多人都会感到很陌生。但要说起香港笑星曾志伟，应该大多数读者都知道吧？没错，五华横陂就是曾志伟的祖籍地。据曾志伟本人对媒体所言，当年他在香港新婚大喜之际，为其做证婚人的，也是横陂的老乡、长辈——20 世纪鼎鼎大名的"世界球王"李惠堂是也。鲜为人知的是，曾志伟竟然是足球运动员出身。

横陂小炒，顾名思义，就是发明于横陂的一道美食。说是小炒，实际用料相当丰富。一份地道的横陂小炒包括当地特产的南薯粉丝、鸡杂、猪杂、腐竹、豆干、木耳、香菇、咸菜、萝卜丝、大蒜等材料，在炒的过程中还要添加猪骨汤、鸡汤等汤水。

传说横陂小炒诞生于民国时期。每年春节前后，不少漂洋过海的乡贤赶回五华过年。由于路途遥远、交通不便，很多人几经辗转回到横陂老家时已是深夜。过年每家每户准备的食物都比较丰富，各种荤菜、素菜一应俱全。当时村子里没有通电，更没有微波炉，为了能使外出的游子深夜回到家时也能吃上一口热饭，聪明的五华人便想到了"一镬熟"的办法，即把各种菜都留一点，放到一起，等亲人回来了就全部倒入铁锅里小炒一下。久而久之，这道菜就成了游子归乡的象征，代表着最熟悉的家乡味道。

第八节　鱼焖饭

香气扑鼻的"鱼焖饭"（或作"鱼炆饭"）是梅县区石扇镇的传统特色美食，现已成为梅州市区最受欢迎的饭食之一。由于古法鱼焖饭多用农家大锅焖制而成，所以又名"大镬鱼（血）焖饭"。

鱼焖饭多以商务套餐的形式存在。一般情况下，饭有"金不换饭"和"葱花饭"两种选择。菜有一荤一素，其中荤菜是几块经过烹煮或煎炸的草鱼，或者加点烧鹅、烧鸡；素菜就是蒜蓉清炒时蔬，通常有生菜、麦菜、蕹菜或番薯叶等。汤为老火炖盅或瓦罐汤，大多是药膳汤。

鱼焖饭的原料是鲜活肥硕的草鱼的血、农家香米、花生油、生姜和香葱。通常人们煲饭使用的都是清水，鱼焖饭则不然，它必须用最新鲜的草鱼血，注入适量的山泉水焖煮而成，讲求质朴天然。

据介绍，制作鱼焖饭大概需要四个小时。在制作过程中，为去除鱼血的腥味，需要添加一种用金不换、姜丝、香葱、猪油等调制而成的酱料，这种酱料能对鱼焖饭的口感起到画龙点睛的作用。

鱼焖饭不仅营养丰富、口感特别，而且具有补血补气、温中补虚、健脾暖胃、平肝固肾等功效，深受客家人的欢迎。旧时想要吃上一碗香喷喷的鱼焖饭，必须等到八九月份农忙结束的时候。因而，鱼焖饭在以前，往往被视为生活富足的象征，与之形成鲜明对比的，便是前文提及的"盐摋粥"。

顺带一提，2019 年，全国首部客家话喜剧院线电影《围屋喜事》在梅州开拍。笔者作为主创人员之一，在为片尾曲填词时，刚好吃了一碗香喷喷的鱼焖饭，便把它写进了歌词里头。这首歌由郭仕鹏作曲、侯瑜畅演唱，改编自河源市连平县的传统客家山歌。感兴趣的读者可以通过腾讯视频在线观看。

《围屋喜事》片尾曲歌词

人生一世爱（需要、应该）知足

莫身在福中不知福

汝做汝食鱼焖饭（你尽管吃你的鱼焖饭）

我有吾个盐摋粥（我有我的粗盐粥）

盐摋粥　香鸡肉

知足常乐好睡目

啦歌哩唱　山歌一条又一曲

畅享人生爱知足

莫为钱财怂出六（太丢脸）

千金毋当（不如）祖公屋（老祖宗留下的房子）

丰登五谷　兴旺六畜

孝子贤孙全培育

百年沧桑古建筑

千秋万代传幸福

第九节　煲仔饭

改革开放四十多年，粤菜对梅州人的饮食文化生活产生了一定的影响。"饮茶"在客家话中读作"淹茶（yām cá）"便是很典型的一个例子，因为"饮"字的客家话发音是 yǐm 而不是 yām，后者是直接从广府话中借用过来的。而且，"饮茶"指的是上酒楼吃点心，而不是一般的喝茶。一般的喝茶梅县话叫"食茶"，即便是说成"饮茶"的方言，比如惠阳话，其发音也是 yǐm cá 而不是 yām cá。

除了"淹茶"外，"煲仔饭"也是受广府饮食文化影响而在坊间流行的美食。说起"煲仔饭"，对于不了解岭南文化的人来说，初次听到这个名字或许会感到惊悚。因为广东人管"儿子"叫"仔"，"煲仔饭"的意思不就是"把自己的儿子煲来下饭"吗？"广东人果然什么都吃啊，连亲生儿子也不放过！"

事实当然不是如此，"煲仔"的"仔"相当于客家话、北方话的"儿"，潮汕话的"囝"，是个名词后缀，暗含小巧、可爱的意思。客家人爱吃的"味酵粄"翻译成广府话就是"钵仔糕"，"发粄"翻译成潮汕话就是"碗囝粿"。

有人说，"煲"是英语 boil 的音译。笔者认为，这纯属粤语和英语的巧合现象，就像大埔客家人说"去那儿"听起来就像英语的 go there 一样。实际上，"煲"是个很晚近（大概清末）才出现的方言字，也有人写作"𤆵"（"灬"就是"火"的意思），这些字在《康熙字典》中都没有收录，足以反映其历史之短。

"煲"的本字实为"釜"，即"釜底抽薪"的"釜"。根据"古无轻唇音"，"釜"的声母原为重唇音，可参考韩语的发音，如"釜山"韩文拼

作"부산［pu san］"。粤语、客家话的"釜",本来也只有"煲"这样的读音的,清代受到官话的影响,"釜"的发音全都转为文读,［pou］反而成为"不知道用哪个字写"的音节了。于是乎,务实的广府读书人便根据形声造字的方法,造出了"煲（㷛）"字。

"煲"即"釜",也就是"煮锅"。经常去日本买电饭锅的读者肯定知道,"釜"在日本依然普遍使用,只不过日本人习惯将其训读作"かま［kama］"。但是,这里要注意的是,"釜"字不能轻易加上美化前缀"御",因为"御釜"是"おかま",也就是客家话"半公嫲"即"人妖"的意思。

明白以上知识之后,相信广府、客家的朋友下次再看到"釜底抽薪"这个成语,应该会读作"煲底抽薪"了。这么读,既遵循古音古义、一目了然,又无须费时费劲理解。

言归正传。煲仔饭,广府民间也叫"瓦罉饭"。这个"罉"字是个粤语方言字,其本字当为"甑",也就是客家人蒸饭时用的"饭甑"。

煲仔饭为什么这么好吃呢? 一是因为它用的是丝苗米（用其他米不香）;二是因为它不能一下子就煮熟,煮到半熟时就要注入猪油（用植物油不香）。

据介绍,旧时,广府食客管煲仔饭的饭面叫"沙面",贴着煲底的锅巴叫"沙底",吃煲仔饭叫"问沙"。以前还有人专门去店里吃"沙底"的,用茶水泡之,谓之"湿沙",蘸以卤汁,谓之"干沙"[1]。

客家的煲仔饭与广府的煲仔饭既有联系又有区别。总体来说,客家的煲仔饭看起来更加粗犷一点,用料也比较"重",十分经济实惠。煲仔饭里可以煲牛肉、排骨、叉烧、腊肠、腊肉、田鸡、鸡丝……佐以香菇、鱿鱼、虾米……还可以自由搭配、拼凑,真可谓应有尽有、任君选择。梅州人还喜欢在端煲仔饭上桌前撒一把香菜在饭面上,起到"吊味""提香"的作用。

客家的煲仔饭所配的汤,清一色都是炖盅,有田七水鸭汤、黑蒜猪骨汤、牛乳树茎汤、胡椒猪肚汤等,品种多多、琳琅满目。

---

① 庄初升、黄小娅、杨逸、冯雅琳:《广州方言民俗图典》,北京:语文出版社,2014年,第114页。

第十节　腊味饭

　　客家话的腊味饭（làp mì fàn），与英语的"love me fine"谐音，是备受梅州工薪一族和学生欢迎的一种饭食，其特点是丰盛、美味、快速、价廉。一碗标准的腊味饭，一定是用鸡公碗装的，必有铺得满满当当的腊肠、腊肉、腊猪肝，要求加料的话，还能吃到叉烧、卤蛋、烧鹅、烧鸡……一碗喷香可口的腊味饭，配上一小盘炒青菜、一盅炖汤，成为不少人工作餐的不二选择。

　　所谓"腊味"，顾名思义，就是腊出来的美味。将肉食（以猪肉为主）先腌渍后风干即为"腊"。"腊"只能在风高气爽、蚊蝇少见的冬季进行，所以农历十二月又称"腊月"。腊月在古代是举办大型祭祀活动的月份，《荆楚岁时记》所载的农历十二月八日的"腊日"，便是古人在年终祭祀百神的重大日子。

　　腊味的历史悠久，可以直接上溯到先秦时期。古汉语中有一个词叫做"束脩"，指的就是捆成一束的腊肉，每束大约十根。"束脩"既可以作为馈赠亲友的礼物（见《礼记·少仪》："其以乘壶酒、束脩、一犬赐人"），也可以充当拜师学艺的学费（见陆九渊《陆修职墓表》："公授徒家塾，以束脩之馈补其不足"）。

　　梅州人制作腊味，多半集中在冬至到立春这个时间段。入冬以后，走进客都人家，不论是在城市还是在乡村，几乎每家每户门口都能闻到浓郁的腊味芳香。腊肠、腊猪肝、腊肉……或一条条、一件件挂于阳台的晾衣架上，或一排排挂在小庭院的竹篙下，油泽光亮，令人一看就能感受到浓浓的年味，不禁垂涎三尺。客家腊味以农家土猪肉为原料，配以芳醇的客家纯米酒、老抽、生抽以及食盐等，风味独特。

第四章　河鲜山味

第一节　鱼生虾生

　　鱼生、虾生，就是生鱼和生虾的意思。相比普通话，在客家话中存在不少类似"生鱼—鱼生""生虾—虾生"这样的同素异序词。例如"公鸡"，客家话也要反过来说"鸡公"。客家话的这一特色，从横向来说，是南方汉语方言的普遍现象；从纵向来看，是对殷商时期汉语名词结构特征的传承。

　　翻看《现代汉语词典》后附的"我国历代纪元表"，不难发现周朝以前有"帝乙""帝辛（纣）"的记载。按照今天的说话习惯，"帝乙"应该叫"乙帝"（近似于"武帝"），"帝纣"应该叫"纣帝""纣王"，才听着自然、通顺。

　　站在语言人类学的角度看，"帝纣"是个名词短语，其中"帝"是核心词（被修饰的对象），"纣"是修饰词，核心词置于修饰词前的叫做"顺行结构（progressive structure）"，顺行结构充分利用人脑瞬间记忆的特点，可以使词义无限拓展延伸；反之则称为"逆行结构（regressive structure）"，由于人脑瞬间记忆的局限性，词义发展受到了限制。客家话的"鱼生"，就属于典型的顺行结构词，理论上"鱼"的后头可以增添无数个修饰词构成无限多的新词；而北方话说"生鱼片"，就属于典型的逆行结构词，一开口就把鱼肉给定性了。

　　言归正传。绝人多数梅州人比较忌讳吃生冷的食物，鱼生和虾生是极少数的例外，而且吃的人主要集中在五华县。由于虾生是后来兴起的[①]，本节主要介绍鱼生。

　　提起鱼生，可能很多读者马上联想到日本料理中的刺身。因为刺身多为生鱼片，所以不少人以为鱼生即刺身，刺身即鱼生。实际上，鱼生和刺

059

---

　　① 梅州本土的河虾多为体型微小的小虾米，常炒食，作下酒菜。拿来做虾生的通常都是基围虾、对虾等浅海虾。

身还是有区别的，其中最大的不同就是客家鱼生的原料多是产自江河湖泊的淡水鱼，而日本刺身的含义较广，凡是适宜生吃、容易细切成片的鱼、虾、蟹、贝类甚至某些兽类的肉都可以算作刺身。

相对日本刺身，中国鱼生的历史更为悠久。根据文献记载，中国人吃鱼生的历史至少可以追溯到秦汉时期，只不过那时还没有"鱼生"的说法，而是称之为"脍"——异体字作"鲙"，这个词为韩语所继承，韩文作"생선회"，即汉字的"生鲜脍"。

简言之，"脍"就是将鱼肉细切成片后再食用的一种吃法。正所谓"不得其酱不食"（见《论语·乡党》）——"脍"的时候没有酱料可不行。而且，什么时候用什么酱料，古人也颇为讲究，如《礼记·内则》就说："脍，春用葱，秋用芥。"

"脍"字在涉及饮食的古文、诗歌中频频出现，这说明鱼生曾经在古代中国人特别是上流社会的餐桌上流行。如《诗经·小雅·六月》"饮御诸友，炰鳖脍鲤"描述的是周朝大将、"中华诗祖"尹吉甫私人宴请贵客时吃鱼生（鲤鱼丝）的场景；西汉时的"鲜鲤之鲙"则是专供贵族享用的美味；唐代李白更有诗云"霜落荆门江树空，布帆无恙挂秋风。此行不为鲈鱼鲙，自爱名山入剡中"（《秋下荆门》）；南宋诗人陆游亦曾赞叹道："人间定无可意，怎换得、玉鲙丝莼？"（《洞庭春色》）

根据清代蕉岭地方史料《石窟一征》的记载："俗好食鱼生……吾乡所脍皆鲩鱼（即草鱼），鲢鱼亦偶脍之。"可见，早在清代，吃鱼生在梅州就已经非常流行了。

客家鱼生通常选用赤眼（红眼鳟鱼）、草鱼、罗非鱼、石鲮鱼、花鱼、鲤鱼、鲢鱼、鲫鱼等较为常见的几种淡水鱼制作。为保障食品安全，客家人对活鱼的生长环境有较高的要求，尽可能选择那些在流动的清水中长大的鱼种，其中赤眼、花鱼、罗非鱼、石鲮鱼因为肉质较为鲜美，极具人气。

五华鱼生的制作大概分以下五个步骤：

第一步是选鱼和清洗。一般而言，在无污染的活水中长大、重3斤左右（太重的话肉感偏老，太轻的话则不好"细片"）、带鳞的淡水鱼都可以选来制作鱼生。但鱼捕捞起来后不宜马上宰杀，而应该先清洗掉其身上的污泥，然后把鱼转移至清水中静养数日，待鱼里里外外都变得干净后再作处理。

第二步是"迟鱼"。客家人称"宰杀"为"迟"（出自古语"凌迟"，或作"剐"），所以"迟鱼"就是杀鱼的意思。去掉鳞片后即开膛剖腹，除其内脏（切忌弄破鱼胆），取其两侧最为厚实的肉，然后去皮、剔骨，最后揩干血水。

第三步是片鱼。所谓"食不厌精，脍不厌细"，鱼肉取出来后，就进入"细片"的环节。技艺高超的厨师片出来的鱼生几乎每一片都薄如纸片、晶莹剔透。值得注意的是，片鱼的刀是"专刀专用"的，切忌拿"迟鱼刀"来片鱼，否则不太卫生。如果是在夏天片鱼，那么刀具最好冰镇后再使用。片鱼的时候，厨师手掌的温度也要注意，最好先"冷却"一下，这样做是为避免在片鱼的过程中鱼肉受刀、人手等外界热量的影响而发生微妙的"质变"，从而影响口感。

第四步是晾干。鱼肉片好后，还需放在筛子上晾晒，直至水分沥干。

第五步是准备酱料和配菜。吃鱼生，蒜蓉醋（用米醋而非陈醋或醋精制成）、花生油是必不可少的，还可以准备一些辣椒。鱼生的配菜十分丰富，通常有葱白、生姜丝、尖椒、紫苏、薄荷叶、盐炒花生米、腌蒜头、炒黄豆等近十种。

吃五华鱼生的时候，一定要先将生鱼片放入蒜蓉醋中浸泡一下，这样做既可以使鱼生更加入味，也能起到一定的杀菌消毒作用——至少在心理上让人感觉放心。等待数分钟后，用筷子将鱼生夹起，放入花生油中过一遍，再蘸点酱料、芥末，佐以自己喜欢的配菜。

梅州人认为，吃五华鱼生一定要配上像"长乐烧""围龙屋"这样高浓度的白酒，吃起来才更加爽快。值得一提的是，最近十年，在梅州流行用五华鱼生的吃法吃三文鱼，别有一番风味，这也算是客家饮食文化的创新之举了。

061

第二节　螺和蚬

在梅州的田间地头、山涧小溪里，常见四种螺，分别是田螺、石螺、"香螺"和福寿螺。除了最后一个外来物种福寿螺没人吃外（在梅州农村，一些村民见到福寿螺会把它砸扁、压碎，喂给家禽吃），其余三种都是梅州人餐桌上常见的菜。

梅州人爱吃螺的历史由来已久。清末诗人黄遵宪便在其《己亥杂诗》中收录了如下一首诗并自注曰："（梅州人）扫墓每在墙间聚食，喜食螺，弃壳满地，足以征其子孙之众多也。乐用铜箫，亦土俗。"

螺壳漫山纸蝶飞，携雏扶老语依依。

红罗散影铜箫响，知是谁家扫墓归。

由此可见，清代的梅州人把螺视为清明节的应节美食。清明食螺，既扫了墓，又在水光山色中享受了美味；既祭奠了祖先，又获得了子孙众多的祝福。将祭拜先人与美好愿景融合于享用螺肉的过程中，使得整场扫墓祭祖活动充满了人情味和烟火气。

在田螺、石螺以及"香螺"这三种食用螺中，吃法最多样的是田螺。烹饪田螺最拿手的当属梅县区畲江镇，当地特有的"田螺煲"远近闻名。

据介绍，畲江田螺煲的做法大概是：①选取个大肉厚的田螺洗净表面泥沙，剪去尾部。用开水煮两三分钟，捞起备用。②准备配料：金不换、姜、蒜、葱、小长椒、酒糟等。③炒锅烧热，放油，放入配料爆香。④放入田螺翻炒，加料酒、生抽、剁椒、适量盐继续翻炒。喜欢吃辣的话还可以再放几个干辣椒。⑤炒锅里加入开水，差不多漫过田螺即可。大火煮五六分钟，可以放少许胡椒粉。⑥倒入放了黄瓜的砂锅里，放入葱，盖上盖子再煲煮十分钟左右。

除田螺煲外，紫苏炒田螺也是一道客家名菜。用芳香的紫苏烹炒壳薄肉厚的田螺，会产生一种香中有辣、辣中带甜的怪味。这一怪味颇为梅州人所喜爱。烹炒时如果再放上点辣椒、葱、蒜、豆豉、盐等调味料，风味更佳。

紫苏炒田螺的大致做法是：①将田螺放在盆里养上一两天，让田螺将腹中的泥沙吐干净。②紫苏摘除茎部，洗净待用。③锅中油烧热，把蒜头、姜丝、辣椒放入锅里炒香。④放入紫苏，翻炒一下，装碗。⑤锅中油烧热，把田螺倒入锅里爆炒。⑥放入两汤匙酒酿。⑦放入适量的盐，炒匀。⑧把原先炒好的配料也倒入锅里，加入适量水，以漫过田螺为宜，大火煮沸，加盖，小火焖至收汁，最后装盘。

田螺的第三种吃法是"酿田螺"。由于田螺可以挖空，个别客家菜师傅对田螺采取先酿后煲的方法进行烹饪。即将田螺肉挖空后拌以香菇、猪肉等重新植入壳中，然后煲煮，谓之"酿田螺"。五华县的酿田螺比较有名。

除田螺外，石螺也深受梅州人喜爱，常作为大排档的小吃，通常只能拿来烹炒。在"撸串"还未流行的年代，一份炒石螺、一盘花生米，再加一瓶啤酒，是许多梅州年轻人极为喜爱的消暑休闲方式之一。

传说梅县区阴那山的溪流里，曾经生长着一种无头无尾的石螺，客家话叫做"无厾石螺"——"厾"谐音"督",是顶端、尾部的意思。"无厾石螺"的出现,源于惭愧祖师潘了拳在阴那山灵光寺修行的那段岁月。有一年,一群来自福建武平十方的信徒前来上香。到了吃饭时间,他们从溪中捞取石螺作为佐餐之菜。正当他们把石螺敲头去尾、行将烹煮之际,潘了拳发现了并及时制止:"信佛人要戒杀生。"信徒遵听奉劝,便将石螺放回溪中。从那以后,无厾石螺便成为阴那山的一种富有特色的水生物,繁衍至今——只是,谁也没有见过真正的无厾石螺。

客家话的"香螺"和普通话的香螺完全不是一码事。梅州人所说的"香螺",其实就是山坑螺,也叫"棺材钉"。"香螺"对生活环境要求很高,只存活在山间清澈的小溪里,喜欢阳光,常吸附在溪石上,几乎只以藻类、苔藓等水生植物为食,所以价格相对昂贵。

非常有意思的是,梅县人还把"香螺"和客家话的软硬度联系在一起,说:"松口声,软过糯米羹;松源声,硬过棺材钉。"松口和松源都是今隶属梅县区的乡镇,地处市中心的东北部,相隔也不算太远,但语音差异却比较明显——前者比糯米羹(类似芝麻糊)还要软,后者比"棺材钉"(山坑螺)还要硬。

松口话实为梅县话的一种,是"下水声"的代表,不只与松源话,与梅城口音的区别也很明显。清末民初,粤东、闽西的客家人想要通过汕头出海,松口是必经之站,故其"不认州"的底气十足。随着水运的衰退,松口的繁华虽然早已成为往事,但其方音的历史影响力依然存在,尤其是在曲艺方面,有客家俗谚"自古山歌松(从)口出"为证。很多人觉得松口话"软过糯米羹",就是因为它总是与旋律优美的客家山歌联系在一起,婉转悠扬、娓娓动听。

松源经常被梅城人戏称为"梅县的西伯利亚",意思是它的地理位置格外偏远、经济发展也相对滞后。松源方言有很多特色:发音上,比如"修""休"不分;词汇上,比如称衣服上的口袋为"八栏打",外人听起来有点费解,似乎特别的"硬"。

但其实,一种口音是"硬"还是"软",本质上并不由它自身的语音特征所决定,而是孕育并承载着这门语言(方音)的土地的历史、经济、社会以及个人主观意见等诸多因素综合的结果。似乎县城的话总是要比乡村的软,而市区的话又比县城的软;经济富庶、读书风气重的地方的口音软,而落后的乡野村落的语调硬。其实,大多数人只是随波逐流地说说而已,什么话"软",什么话"硬",谁的客家话"软过糯米羹",谁的客家话"硬过棺材钉",说到底是个仁者见仁、智者见智的问题,没有标准答案。

最后再简单介绍一下和螺类似的蚬。梅州的蚬全都是河蚬，河蚬是一种小型的软体动物，它的外壳特别软。笔者发现，随着经济水平的提升，现在已经越来越少人单独吃蚬了，但是"蚬儿汤"依然备受食客欢迎。蚬本身没什么肉，更多只是起到增鲜、提味的作用，真正叫人大快朵颐的，还是里头满满的新鲜猪肉以及酒糟咸菜。顺带一提，梅州人经常用"细蚬儿"来形容资历尚浅、初出茅庐的年轻人，这个词也算是饮食影响语言文化的一个好例子了。

第三节　蝈和蛙

蛇鼠一窝，沆瀣一气。蛇与鼠明明处在食物链的两端，却被大家视为邪恶的联盟，充满着贬义色彩。同样的现象也见于客家话，只不过，在客家文化的语境里，和蛇一起登台上场的不是老鼠，而是青蛙——客家话叫做蚋，谐音"拐"。

先来说文解字一番。蚋是后起的方言字，左形右声，声旁看似"另"实为"拐"。笔者在《客家话概说》中指出，"蚋"的本字是"蝈"，见《周礼·秋官·蝈氏》注："蝈，今御所食蛙也。字从虫、国声。别详蛙字注。"又见《吕氏春秋·孟夏纪》："蝼蝈鸣，蚯蚓出。"

实际上，"蚋"的本字也可以是"蛙"。为什么这么讲呢？因为"蛙"也是个形声字，其声旁"圭"客家话一般读作"归"，广府话读作"乖"，谐音客家话的"拐"。类似地，"鬼"字客家话一般读作"鬼"，但"细鬼儿"一词中"鬼"也可以读作"拐"，仅限于表示自家的小孩子，相当于"犬子"；对于别人家的"熊孩子"，"细鬼"还是读作"细鬼"，不会读作"细拐"。这是发音上的依据。

从意思上看，从宋代范成大的"排檐忽飞溜，蛙蝈鸣相酬"可见，到南宋时，蛙和蝈的意思出现了分化，"蝈"多用来指代蛤蟆了。[1] 所以"蛙"专门用来表示青蛙的历史延续性更强。为求雅俗共赏，本书统一将蛙写作"蝈"。

那么，客家话中到底有哪些表现"蛇鼠一窝"的熟语呢？例如，梅州人形容一个人做事没有干劲、懒惰不堪，谓之"死蛇烂蝈"；形容某人对某件事情的抵触情绪很大、满口怨言，谓之"蛇声蝈（讹音'鬼'）叫"。

---

① 五代南唐尉迟枢《南楚新闻》："百越人虾蟆为上味，先于釜中置小芋，俟汤沸，投虾蟆，皆抱芋而熟，谓之抱芋羹。"这里所说的"虾蟆"，应该指的是青蛙，而不是癞蛤蟆。

特别有趣的是，客家人形容人各有各的生存之道，用"蛇有蛇路，蝈有蝈路"——然而不幸的是，青蛙和蛇很早就"殊途同归"为国人箸下的盘中餐，见北宋朱彧《萍洲可谈》："闽浙人食蛙，湖湘人食蛤蚧，大蛙也……广南人食蛇。"

中国人吃蛙的历史至少可以上溯到先秦时期。西汉司马迁在《史记·货殖列传》中对越人的饮食方式进行了精辟概括："楚越之地，地广人稀，饭稻羹鱼。"其中的饭稻羹鱼，从狭义上理解，指的自然是以米为饭、以鱼为菜的用餐模式；若从广义上看，"饭"应该理解为五谷杂粮，"鱼"应该理解为水生动物的统称，含之前所介绍的蛇、鱼、虾、螺、蛙、鳖等——事实上，这些动物往往也被客家人理解为"鱼"，例如鳖，客家话就称为"团鱼"。

梅州的蛙类很多，较多人食用的是"石乱"——或作石仑，别称石鳞，学名棘胸蛙。同样根据清同治《赣州府志·物产》的记载："石蛇，生于石墅溪涧中。皮上黑腹下白，口巨腹大后股长。其声旷旷然。其性亦狡，昂其腹于石上作死状，鸟见啄之，前足合抱擒入水底。乡人捕法，夜持火炬，眼见光即迷。浮水者以蒜苗轻击水面，彼疑为蛇而搂抱，即以缕箕网之。"

梅州人很喜欢炒蝈吃，其大概做法是：把一只只蝈子破肚，清掉肠肚，热锅下油将蝈子大火炒至四脚挺直，加入蒜头、红曲、葱姜以去腥臊味，起锅装盘即成一道极有特色的客家名菜。

还有一种食用方法是将蝈子捣碎，加些芡粉，做成"蝈丸"，或蒸或煮，鲜味依然；蝈丸也可炸：起油锅，将蝈丸放入锅中炸至金黄色起锅，再加蘸料，亦是佐酒佳肴，香味喷鼻，唯清甜略减。

除石乱外，极少数梅州人还喜欢吃"细蝈儿"，即小青蛙，认为食之可固本培元、壮腰固肾。大概是以为小青蛙极善跳跃，类比于腰腿健壮之人，非腰腿好不能做到的缘故吧。这也是以前的客家人"以形补形，以性补性"的饮食观念使然。

最后要和大家分享一个与青蛙有关的、在梅州家喻户晓的客语玩笑话，叫做"兴宁蝈哩毛肚脐"，字面意思是"兴宁的青蛙没有肚脐眼"。这是什么意思呢？

传说很久很久以前，有个五华人在菜市场卖青蛙（五华、兴宁方言称之为"蝈哩"），一不小心把竹筐打翻了，里面的青蛙都跳了出来。一个兴宁人恰好路过，便过去"帮忙"捡。谁知捡到后面，都往他自己的筐里装了。五华人见状，不乐意了——你说你来帮忙，拿走几只也就罢了，权当对你的感谢，可你怎么把我的蛙净装你那里去了呢？这五华人性子急，不由分说，上去就给了兴宁人一拳，打得人家鼻青脸肿、嗷嗷直叫，顿时引来众人的围观。

大伙纷纷问怎么回事？五华人不善言辞，就说兴宁人趁火打劫。兴宁人能言善辩，说五华人蛮不讲理。这时，一个书生模样的梅县人站了出来，说："这样好了，我来做裁判，给你们断个是非。"五华人一听，又急了，心想："这些青蛙明明都是我辛辛苦苦抓来卖的，凭什么要你来多管闲事？"这样一想，又差点抢起了拳头。还好围观的人多，把他给拦了下来。书生吓了一跳，说道："你别动粗啊。既然你说是你的，那就拿出证据来嘛。"五华人听了气得半死，这青蛙又不会说话，谁能给自己作证呢？

就在这时，兴宁人摸着受伤的嘴角开口了："我有证据。我的青蛙都是没有肚脐眼的，有肚脐眼的都不是我的。"四体不勤、五谷不分的梅县书生回道："好！那就马上检查一下吧。"书生抓了一只看了看，果然没有肚脐眼，便说："这只青蛙没有肚脐眼，是兴宁人的。"又抓了一只，也没有肚脐眼；再抓了一只，还是没有肚脐眼……最后，书生宣布："看来今天的青蛙全都是兴宁人的。五华阿哥，你不讲道理啊，东西不是你的就算了，还敢动手打人？"众人哄堂大笑，异口同声道："兴宁蝈哩毛肚脐。"

以上故事，纯属揶揄兴宁人的无稽之谈，却将五华人的耿直、能武，兴宁人的精明、善辩以及梅县人的热情、崇文等"县民性"展现得淋漓尽致。

追本溯源，"兴宁蝈哩毛肚脐"这句话其实和青蛙、肚脐眼没有任何关系，它的原话是"兴宁介里毛赌妻"（兴宁那边不赌老婆的）。且逐一说文解字一番：①毛，古语词，没有，见《后汉书·冯衍传》："饥者毛食，寒者裸跣。"②介里（gài lǐ）：那里。"介"就是"那"的意思，如"煞有介事"的"介"。"介里"谐音"蝈哩（gǎi lǐ）"，梅县话也说"介儿（gè é）"。梅县话"蝈"多了个介音 u，读作 guǎi。③赌妻：谐音"肚脐"，赌老婆，即把老婆当赌注。旧社会男尊女卑，一些赌徒赌到最后就只有把老婆、子女当成赌注作赔了。"兴宁介里毛赌妻"这句话说明兴宁人爱妻的优良传统，即使是生活在社会最底层的赌徒，也懂得坚守底线。

最后必须强调的是，所谓兴宁人如何、梅县人怎样、五华人"若般"，说到底都是一种错误的本质主义观点，是一种刻板化的偏见。凡事皆因人而异，一样米还养百样人呢，您说对吧？

第四节　蜂

大概因为个体小巧的缘故，客家话将蜂类统称为"蜂儿"，梅州地区常见的"蜂儿"有蜜蜂、黄蜂、竹筒蜂等。

中国人食用蜂蛹的历史由来已久。《礼记·内则》载："蜩、蝇鲜之，人君燕食。"唐代刘恂的《岭表录异》中也提到"宣、歙人好食蜂儿"。宋代苏颂在《图经本草》中说："在蜜脾中，如蚕蛹而白色。岭南人取头足未成者，油炒食之。"说明至少从唐宋时期开始，岭南人就有吃蜂蛹的习俗。

蜂蛹一般为黄蜂、竹筒蜂、土蜂等野蜂的幼虫和蛹。蜂蛹系鲜活产品，除鲜炒取食外，大部分采用干制法加工，以便于贮藏、包装。

"蜂儿"的营养价值很高，吃法多样。其中最受梅州人喜爱的当属香炸蜂蛹。将蜂蛹放入热油中高温油炸，待蜂蛹炸至快呈金黄色，即起锅装盘，撒上盐或辣椒、花椒调味即可。香炸蜂蛹口感香酥，蛋白质含量丰富，为佐酒的高档美食。

成年老蜂则可用来泡酒，可以加点当归、羊耳菊根、五加皮进去同泡，泡出来的酒呈红棕色，具有祛风除湿的作用，可治疗各种风湿病。

蜂蛹富含蛋白质、氨基酸、锗、硒、维生素和钙、酶等营养元素，其营养价值不低于花粉，被誉为"天上人参"，是一种纯天然的高级营养品。中医认为，蛹性味甘、温、咸、辛，有温阳补肾、祛风除湿、健脾消积之功，适用于治疗肾阳亏虚、阳痿遗精、风湿痹痛、小儿疳积等症。蜂蛹更是体弱者、大病初愈者、老人及产妇的高级营养补品。蜂蛹对机体糖和脂肪的代谢能起到很好的调节作用，蛹油则有降血脂、降胆固醇的作用，对辅助治疗高胆固醇血症和改善肝功能有明显疗效。此外，蛹产生的具有药理学活性的产物能有效改善人体内的白细胞水平，从而提高人体的免疫功能，具有延缓人体机能衰老的作用。

第五章　零食小吃

第一节　煎圆和馓

　　依照客家传统年俗，"入年暇"以后，家家户户便要着手准备面粉、糯米粉、食用油、食盐、白糖等油炸食品的原材料了。客家地区春节的油炸小吃有很多，"煎圆儿"和"馓儿"这两样是必不可少、缺一不可的。相信不少梅州的读者都有全家人围坐在一起擀面"挪煎圆儿""拈馓儿"的记忆，就像北方人全家一起动手擀面、和馅儿包饺子一样，大家一边忙活一边说笑，小孩子们则站在油锅旁、瓮子边迫不及待地等着吃新鲜烫嘴的美食，阖家其乐融融，充满了新年喜庆的气氛。

　　梅县人所说的"煎圆"，就是兴宁人、广州人所说的"煎堆"，亦即蕉岭人所说的"煎粄"，是一种形状像乒乓球的糯米芝麻团子，味道甜美，外焦里嫩。梅县话有儿化音，小巧可爱的煎圆子通常儿化为"煎圆儿"，谐音"煎圆诶"。"煎圆儿"又作"煎丸儿"，这是因为在客家话中，"圆"与"丸"同音。"煎圆儿"象征着家庭团圆、和美甜蜜的幸福生活，裹在外层的芝麻则象征着多子多福。

　　"馓儿"是一种用糯米粉和面扭成环状的油炸小吃，已经流传上千年了。根据北宋庄绰《鸡肋编》的解释："食物中有馓子，又名环饼，或曰即古之寒具也。"可知馓儿又称"环饼""寒具"。传说刘禹锡就很爱吃馓儿，有诗为证（括号内为客家话拼音）：

佳语[1]

纤手搓来玉数寻（xiám sǔ cāi lói nyiùk sì qím），
碧油煎出嫩黄深（bǐt yiú jiēn cǔt nùn vóng cīm）。
夜来春睡无轻重（yà lói cūn sòi mó kiāng cūng），
压匾佳人缠臂金（ǎp biěn gā nyín cán bǐ gīm）。

---

　　① 见周作人：《谈油炸鬼》。

这首诗的韵脚是普通话早已丢失了的 m 韵尾，用客家话（尤其是惠阳口音）、广府话和闽南话（文读）吟诵起来都特别押韵。

言归正传。馓儿不仅客家地区有，全国很多地方也都有，只不过形状各异、大小不同，唯独客家地区以左右对称、平面蝶状的馓儿为主流。这是为什么呢？

前文提到，馓儿在古代称"寒具"。顾名思义，它本是寒食节的应节食品。我们知道，寒食节不生火，和清明节连在一起过，用来悼念先人、追思先烈、祭扫踏青。现在客家地区流行的馓儿大概有咸甜两种口味，然就本初而言，咸才是馓儿的原味，和泪水的味道是一样的。

也就是说，"馓儿"本是客家人用来寄托对先祖哀思的食物，由于人们对寒食节的淡忘而变成了春节的应节食品——这与客家人多选择在春节期间"敬祖公"（祭祖）、"挂纸"（扫墓）、"酾地"（祭祀）不无关系。

从文字层面上解读，"馓"不只是个形声字这么简单，其声符"散"实际也是个义符，表示分离、分散。事实上，客家馓儿的形状就是散开的，而不是像很多地方的馓儿一样扭作一团。那么，回到之前的那个问题，为什么客家人的"馓儿"是蝶状的呢？

从民间信仰的层面说，粤东一带的人认为，亲人去世后不久会变成蝴蝶回来看看家里、看看家人，然后才会彻底放心离去，前往极乐世界重生。也就是说，羽化成蝶是真正意义上的曲终人散，这正是客家人的"馓儿"要做成蝶状的原因。

客家人的"馓儿"和"煎圆儿"，充满了二元对立：一个咸，一个甜；一个分散，一个闭合；一个代表对过去的思念，一个象征对未来的憧憬。但与此同时，它们又是和谐统一的，因为客家人传统的生活空间——围龙屋，原本就是一个人、神、鬼、虫、鸟、兽和谐共处的世界。

第二节 油角

很多人都说酿豆腐是客家先民南迁后发明出来替代饺子的美食，可无论从吃法还是文化内涵来看，这个说法都让人感觉十分牵强。最像饺子的客家美食，笔者认为非笋粄和油角莫属。

笋粄是产自梅州大埔的名小吃，与潮汕的"粉粿"有着深厚的历史渊源（详见本书第二章第十一节），在此提醒读者吃的时候别忘了蘸沙茶粉。

油角，客家话是"角儿"，梅县方音读作"各诶"，是客家地区和广府地区都很常见的一种油炸食品，长得很像煎饺，馅料丰富、外酥里脆、甜口美味。这里可能引起一些读者的好奇：这种小吃的名字里为什么会有"角"字呢？既然长得那么像饺子，为什么不直接叫它"油饺"呢？

翻阅字典，我们发现"饺"字在宋代就出现了，但它当时的含义并不是饺子，而是一种糖果点心，见《集韵》："居效切，音教，饴也。"那宋代有没有饺子呢？有！就叫做"角儿"，和客家话一模一样。

原来，咱们今天吃的饺子，是宋代从馄饨中分离出来的。从这个意义上说，饺子可以说是宋代发明的美食，且它一开始的名称是"角"。那它后来为什么改称"饺"了呢？明末问世的张自烈所撰的《正字通》告诉了我们答案："今俗饺饵，屑米面和饴为之，干湿小大不一。水饺饵即段成式食品汤中牢丸，或谓之粉角。北人读角如矫，因呼饺饵，讹为饺儿。"

试用客家话读之，"角"为 gŏk，"饺"为 giáo，一仄一平，明显不同音。我们知道，北方到了明朝末年（《正字通》编写于崇祯年间），入声早已消失殆尽，所以入声的"角"和平声的"矫"成了一组谐音字，又因为"角儿"是一种食品，所以把"矫"改成了食字旁的"饺"。

也就是说，追本溯源，油角非但不能写作"油饺"，反倒是应该把"饺子"写成"角子"才"正确"。可问题是，语言文字都是约定俗成的，强行写回"角子"，根本行不通，有道是"假作真时真亦假"，写成"饺子"才是最明智的选择。讨论到此可以证明，网上所谓饺子来自"娇耳"的说法是站不住脚的。因为明朝以前的北方话同样存在入声，不太可能将"角"混同于"娇"。

值得注意的是，饺子在客家话中的含义是比较广的。简言之，馄饨也是饺子，叫做"细饺"；蒸饺叫做"大饺"或"北方饺"。所以在梅州的早餐店，"腌饺"指的是"小葱猪油拌馄饨"，而不是拌饺子。

顺带一提，"饺子"日语叫做"ギョーザ"，模仿的是北方话"饺子儿"的发音。但日本人所说的"饺子"，也不等同于北方人理解的饺子。通常来说，日本的饺子指的都是日式煎饺，而我们日常吃的饺子，日本人叫做"水饺子"。

第三节　虾喇

在梅州，逢年过节，有一样进口的油炸食品是不可或缺的，这就是虾片（krupuk udang）。虾片，客家话叫做"虾喇"，读音 há lăt。先来说文解字一下，"喇"是个假借字，其本字为"烈"。"烈"在客家话中是个多音字，它最常见的读音是文读的 liět，即"激烈"的"烈"。

"烈"的第二个读音便是 lǎt，表示燃烧旺盛、火势猛。《论衡·言毒》有载："物为糜屑者多，唯一火最烈，火气所燥也。"客家话"镬头忕烈火"（炒菜用火太猛）中的"烈"，正是这个意思。

"烈"还可以直接当名词使用，例如饭烧焦成的锅巴，客家话叫做"饭烈"。所以同样的道理，用油锅大火烹炸而成的虾片客家话叫做"虾烈"。"烈"作为名词还有另外一层含义，表示一种浓郁、过重的味道，例如形容一个人过于老实巴交，客家话叫做"臭火烈"或"火烈味忕浓"。这层含义实际也是从古汉语中传承下来的，见《吕氏春秋·尽数》："凡食，无强厚味，无以烈味重酒。"

当"烈"作动词时，表示的是"烫"，要读作 nǎt。例如，"佢放烟头烈到矣"（他让烟头给烫了一下）。作为引申义，"烈"还用于表示轻微的热讽，拿对方开涮，作为一种暗示或逗乐。例如，同学聚会时，互相 nǎt 一下对方，往往能起到润滑作用，让整个场面高潮迭起——当然，前提是大家都开得起玩笑。为减轻"烈"字的负担，nǎt 这个读音笔者主张用异体字"炈"来代替。毕竟，"灬"和"火"本来就是同一个字。

言归正传。前面提到，"虾喇"是进口食品。那么，它来自哪个国家呢？答案就是印尼。实际上，梅州但凡贩售"虾喇"的地方，例如江北老街，都会赫然打出"印尼虾片"的标识，以示正宗。

为什么印尼的虾片是最正宗的呢？除了印尼是虾片的原产国外，还要从客家人和印尼的历史渊源说起。

我们知道，南洋是海外客家移民的聚集地，主要包括今天的印尼和马来西亚这两个国家。来自梅县的罗芳伯于清乾隆四十二年（1777）在婆罗洲（今加里曼丹岛）独立建国，号曰"兰芳大统制共和国"，这是华人在海外首创的国家，也可以说是亚洲历史上的第一个共和国。

兰芳共和国以东万律为首都，国土面积约 45 万平方公里，实行共和体制，有一套完整的行政、立法、司法机构，繁盛时期人口近 400 万人。兰芳共和国自成立之日起便一心归顺清廷，俯首谦称"兰芳公司"，请求清帝册封其为海外藩属，无奈遭到乾隆的拒绝——可能乾隆觉得这只是一帮小打小闹的"天朝弃民"，册封藩属之事就不予考虑了，适当开展贸易还是可以的。对此，荷兰人并不知情，在罗芳伯的忽悠下，他们真以为兰芳共和国有强大的清帝国作为靠山，所以不敢前来冒犯。"兰芳国"一直存续到 1888 年。

071

1912 年，荷兰汉学家范德斯达特（P. A. Van de Stadt）在印尼巴达维亚（今雅加达）出版了由他编纂的、历史上首部荷兰语版的《客家词典》（*Hakka Woordenboek*）。该词典厚达 400 多页，收录的是邦加与勿里洞地区通行的客家话（梅县话）词汇，采用荷兰文、汉字和罗马拼音对照的方式。《客家词典》的出版，从一个侧面反映了梅州客家人在印尼的社会影响力。

第四节　菊花糕

2020 年新冠肺炎疫情暴发，这是一种人传人的瘟疫，用客家话说就是"发人瘟"——"发"字在客家话中有两个读音，一个是轻唇音的 făt，另一个是重唇音的 bŏt。当表示生病、病毒发作时，一般读作 bŏt，如"生病"叫做 bŏt piàng，所以"发人瘟"的读音是 bŏt nyín vūn。

历史上，客家地区发生过大大小小无数场瘟疫，这些历史记忆都沉淀在了客家话中。例如，客家话咒骂他人时常说"死发瘟""发瘟鬼""死发瘴""发瘴鬼"，原本指的就是死于瘟疫或瘴气的冤魂（当然，瘴气和瘟疫不是一回事）。

又比如，"仙鹤草"客家话叫做"流氓草"，煲而饮之有退烧祛风、截瘟止疟的功效，相信不少读者对它都不会感到陌生。值得注意的是，客家话保留古音古义，此"流氓"非彼"流氓"，应该读作 liú mín（普通话 liú méng），指的是为躲避瘟疫、战乱等而流离失所、从外地逃亡来本地的贫苦大众。"氓"是个形声兼会意字，"亡"在古代汉语中是"失去""逃走"的意思。

很少人知道的是，有一种特别有名的客家小吃的发明也与瘟疫有关，它就是菊花糕。客家菊花糕以今梅州市梅县区畲江镇"义兴"的为正宗（"义兴"并非人名），它最大的特点就是不含菊花。

笔者着手撰写《客家饮食》之际曾专门到畲江去做田野调查，通过走访了解到当地的菊花糕诞生于清末，其前身叫做"喷水糕"。世代制作糕点的张氏一族，并不是畲江的原住民，而是清光绪年间为躲避一场可怕的瘟疫从丰顺县汤坑镇西市搬迁过来的。

从丰顺迁徙过来后，张家在畲江圩镇上落了户，继续制作、贩卖糕点。畲江和丰顺虽然相隔不远，但彼时两地之间的经济发展水平和饮食习惯都不太一样，想要继续维持潮汕风味的"喷水糕"，一来原料难进、成本更高，二来当地人也吃不习惯，不太好卖。于是乎，积极向上、灵活聪明的张家先人因地制宜、与时俱进，大胆地对"喷水糕"进行改良创新，使之符合客家人的口味，并改其名曰"菊花糕"。菊花糕里没有菊花，却叫"菊花糕"，是因为其表面有菊花纹路。之所以选择菊花，是因为菊花凌霜而开、丽而不娇的特性象征着不畏肃杀、不怕逆境的崇高品格。

菊花的精神一方面反映出张氏一家面对疫情的积极态度，另一方面也契合读书人对自身品格的要求，加上它软中有韧、苦中带甜的特别口感（注：现在白糖唾手可得，菊花糕都是很甜的，没有丝毫苦味了），一推出便广受欢迎。张家凭借菊花糕，不仅在畲江站稳了脚，而且在南洋出了名。据说清末民初，"义兴"的菊花糕是水客下南洋必带的客乡"等路"（特产），供不应求，不提前预订根本买不到。另据梅州中学的李素华老师介绍，她们家族中的一支在清康熙年间移居到了江西，尔后每年都会派子孙后代回来梅县畲江祭祖，祭祖完毕一定要带些"义兴"的菊花糕回赣，以此作为返乡祭祖的凭证。这一习俗持续了好几百年，未曾中断，由此可见"义兴"菊花糕在梅州人心中的分量。

我们完全可以想象，光绪年间的那场瘟疫给张家带来何等的冲击与损失。古人安土重迁，生活得好好的，谁也不愿意抛家弃田，惊慌失措地搬迁到人生地不熟，语言文化、生活环境迥异的异乡去生活，因为谁也不敢保证这一路上没有毒蛇猛兽、劫匪强盗。就算到了安全的地方，来自当地人的歧视、排挤也是个令人担忧的现实问题。

古代信息不畅通，没有政府组织隔离，没有及时有效的疫情通报，更没有现代化的医疗团队和卫生条件，留在疫情肆虐的地方求神拜佛，无异于等死。但我们的祖先只要有一线生机，就会积极勇敢地活下去，而且要活得比以前更好！

从后来的发展来看，要是没有那场可怕的瘟疫，张家及其制作"喷水糕"的铺子或许一辈子都不会遭受多大的损失，但也绝不会有今天这样的名气和成就。

疫情造成的损失再大，只要我们充满希望，心存进取，有所行动，就一定能够尽早从中跳脱出来，实现从"喷水糕"到"菊花糕"的华丽转身。

第五节　百候薄饼

作为"中国历史文化名镇"的百候镇隶属于梅州市大埔县。在当地，

073

有一款闻名遐迩的小吃，和丰顺的捆粄长得很像，却不被认为是粄食，而归属于饼类。本节要介绍的，就是 2009 年被中国品牌认证委员会评为"中华名小吃"的百侯薄饼。

百侯薄饼皮薄如蝉翼，馅厚似鸡腿，用料丰富，口感独特。它的发明，与清代当地的名门望族杨家密不可分。

根据民间传说，清康熙年间，百侯（时称"白堠"）出了一位名叫杨之徐的人。有一天，风清气爽、阳光明媚，正是出门的好日子，杨之徐便去了一趟茶阳（大埔古县城）。他在途中偶遇一个样貌奇特的老人正在晾晒草席。在阳光的照耀下，似乎有一条蛟龙的身影在草席下若隐若现，这令杨之徐啧啧称奇，忍不住驻足观望。

在好奇心的驱使下，他斗胆过去找老人搭讪，了解到老人家姓饶，这草席原来是因为饶家的小孩尿床弄湿了才拿出来洗晒的。

"是您的孙子还是孙女吗?"杨之徐问道。

饶老伯仔细打量了一下眼前这位素不相识的年轻人，一声轻叹："唉，说出来都不好意思，是我的女儿!"

"啊?!"杨之徐大吃一惊，因为老人家年纪这么大了，不可能有这么小的女儿，他决定打破砂锅问到底。这不问不知道，一问吓一跳，饶老伯说他的女儿已经十八岁了。

"什么，十八岁了还尿床吗?"这更让杨之徐觉得不可思议。但是，他并没有像其他人一样有任何嘲讽的意味。

原来，饶老伯早年丧偶，一个人孤零零地照顾一个奇丑无比的女儿。这个女儿长得丑陋也就罢了，还像小孩子一样经常尿床。如此奇女，杨之徐很想一睹尊容，但毕竟初次见面，这样做的话太过突兀，而且容易惹饶老伯生气。几句寒暄过后，他作揖道别，心想："还是下次有缘再说吧!"

果不其然，当杨之徐第二次来茶阳的时候（又是一个风清气爽、阳光明媚的日子），真的就邂逅了这位奇女，当时她恰好在采摘牛眼（客家话忌讳说龙眼，故改称牛眼）。这么好的机会当然不容错过，杨之徐就悄悄地躲在暗处细细地观察——这一观察傻眼了，这个据说十八岁还尿床的姑娘身上居然长有貌似鳞片的东西，而且树丛中确实有条龙影在晃动。

不知是否受到了心灵感召，此情此景非但没有吓到杨之徐，反而让他萌生了娶此女为妻的想法。于是，说干就干，他随即跑到饶家，在确认丑女单身的事实后，果断地提出要和她结婚的想法。作为家长，饶老伯虽然有点迟疑，但还是掩饰不住内心的惊喜，当即就答应了。

饶老伯的女儿就这样神奇地嫁了出去。说来也巧，迎亲当天，当地突然晴天霹雳，随即下起了倾盆大雨，导致城墙被淹。当地一位上知天文、下通地理的老先生在雨中掐指一算，一语道破天机："此女乃龙母化身，龙母出行也！"众皆恍然。

茶阳饶氏嫁到百侯之后，接连不断地给杨家带来好运。她为杨之徐生下了缵绪、黼时、演时三个聪明可爱的儿子，成年后的他们分别在康熙、乾隆年间先后考取了翰林院进士。饶氏由此被世人称为"一腹三翰林"。

有一回，饶老太太乘轿北上去探望做官的儿子。途经江西某地之际，轿子被拦了下来，当地人要求老太太下轿步行通过。老人家心生疑惑，掀开轿帘一看，只见路边一块石碑上赫然写着八个大字："文官下轿，武官下马"。她便问挡路的人道："这是为何？"

挡路人一听，有点不高兴了，眼神中还流露出些许傲气和鄙视，他们说道："村妇好无知！我县人杰地灵，出过两个宰相、九个状元呢！此碑文乃皇上为嘉奖我县所赐！"饶老太太一听，不禁笑得合不拢嘴，指着自己的肚子说道："无知的是你们吧！你们隔河才俩宰相，十里也不过九状元，我这一腹就三个翰林啦！"这时，挡路人一下子缓过神来："原来鼎鼎大名的'一腹三翰林'就是您老人家啊！失敬失敬！"人们赶紧撤退到路两旁。饶老太太把帘子一放，轿夫抬着轿子继续前行。

写到这里，性急的读者可能要问了：你说的这几个故事和百侯薄饼有什么关系啊？看官莫急，这薄饼还真的就是在饶老太太的"带动"下问世的。

原来，杨之徐和饶氏的长子杨缵绪曾一度在西安任按察司按察使，他十分孝顺，每逢母亲生日，再远都要赶回来，而且总是想着带些在家乡难以吃到的美食、珍品回来哄老母亲开心。

又到一年省亲时，杨缵绪带了一帮侍从回到大埔老家，其中就有位私厨。这位私厨手艺了得，尤其擅长制作薄饼，人品也相当不错，深得饶老太太喜爱。为使母亲日后随时都能吃到这美味的薄饼，杨缵绪便让这位厨子留了下来，一边服侍自己的老母亲，一边传授制饼的技艺。后来，经过不断的改良与演变，就有了今天这种风味独特、皮韧馅爽的百侯薄饼。

第六节　牛乳煮卵

"牛乳煮卵（nyiú nèn zǔ lǒn）"即牛奶煮鸡蛋，是梅州城区十分流行的一种街边小吃，主要出现在秋冬时期的宵夜时段。它的做法非常简单，

075

将纯牛奶煮开后加入适量的白糖，待白糖溶化后倒入蛋清和蛋黄，一边搅拌一边煮开即可。"牛乳煮卵"味道鲜美、甘甜，营养丰富，具有提神醒脑、驱寒暖胃的食效。

有趣的是，鸡蛋在客家话中有多个名称，"卵"只是其中之一。口语中称鸡蛋为"卵"的，主要集中在梅江区和梅县区新县城一带。"卵"无疑是对古汉语的保留，实际上，汉语最开始确实没有"蛋"这样的说法，明代以前，大部分汉族人对蛋的叫法都是"卵"。"卵"的这个用法，除客家话外，至今在闽南话、潮汕话以及越南语、韩语、日语中仍可看到。当然，普通话中也不是彻底没有了"卵"，但只限于在诸如"杀鸡取卵"这样的书面语中使用，而客家人至今仍在口语中保留"卵"的叫法，如"吃鸡蛋"梅县话就叫做"食卵"。

"蛋"在古代另有所指，是对古代南方少数民族的区别用语，或作"蜑"，中华人民共和国成立以后，为落实民族平等的政策，"蜑"正式改为"疍"。从字形上分析，"蛋"由"疋"和"虫"构成。"疋"是"足"的意思，"虫"是对动物尤其野兽的通称（见《水浒传》的"吊睛白额大虫"）。从本义上说，"蛋"就是人面兽心的怪物，是一个极具侮辱性的词汇。

顺带一提，现在提及疍人，大家的印象都是"南方人"。实际上，疍人在古代的北方也是广泛分布的，只不过他们被陆地人一路驱赶，唐代以后陆续都南下了。换言之，以前有南疍、北疍，到后来渐渐地只剩下南疍了。有的疍民生活在淡水流域，有的生活在海水流域，所以也有"河疍"和"海疍"的区分。①

言归正传。鸡蛋的另一种客家话说法是"春"，方言字作"𤩴"。"春"可以说是"卵"的美化词，也是"卵"的反义词。放眼整个客家地区，采用"春"这个说法的，占了客家人口的大多数。以梅州为例，平远、兴宁、五华以及梅县畲江、水车等地，无不说"春"、忌讳说"卵"的。

"卵"有什么可忌讳的呢？如前所述，"吃鸡蛋"梅城话叫做"食卵"。不巧的是，在客家话中，还存在一些类似于"屁卵（pì lǒn，屁）""核卵（hàk lǒn，睾丸）"这样影响食欲的词汇。此外，"卵"与"乱"谐音，总让人感觉不能安安稳稳地吃顿好饭。鸡蛋又是最常吃的食物，所以不得不改。

① 可参考吴永章、夏远鸣：《疍民历史文化与资料》，广州：广东人民出版社，2019 年。

　　既然"卵"容易让人联想到"乱"，那么就干脆"反话正说"好了。"乱"在客家话中的反义词是"春车"。"春车"即"抻扯"，是抻直、扯平的意思，引指规整，可以叠称"春春车车"。恰巧的是，"抻扯"与"春"的美好意象不谋而合，加上"春"字通俗易懂，以"春"作"蛋"的写法便在坊间流行起来了。

　　追本溯源，"抻"的本字是"伸"，蛋本身就是从禽类身上延伸出来的产物，故而"鸡春"实为"鸡伸"。至于"𪘏"字，是个后起的会意字，蛋"未成肉"，故而写作"𪘏"。但是，"𪘏"这个字笔画太多、写起来很复杂，至今仍是一个生僻字，仅作为客家或广府地名为部分人所认知。

　　"卵"的改名还带来了新的文化。每逢立春之日，总有客家人会试着把鸡蛋立起来玩，以祝"立春"之喜。这个习惯由来已久。

　　鸡蛋的第三种客家话说法是 gòk gòk（谐音英语 god），汉字或作"咯咯"，或作"㨃㨃"，这两种写法都有其道理。第一，"咯咯"是母鸡叫声的拟声词，蛋是母鸡生的，故如此表记；第二，"㨃"是个古语词，意思是"敲击"，见《汉书·五行志中之上》："㨃其眼，以为人彘。"客家话称"敲门"即为"㨃门"。吃鸡蛋时，需要先把蛋壳敲碎，所以写成"㨃㨃"也不无道理。

　　值得注意的是，"咯咯"是童语，仅限于和小朋友对话时使用，成年人之间一般不这么讲。而且，"咯咯"在梅州主要流行于说"春"的地方，在梅州市区一带没有这样的讲法。

　　最后需要补充的是，普通话的"煮蛋"并不完全等同于客家话的"煮卵"，两者的内涵不同。因为，客家人所说的"煮卵"，是一定要把蛋壳敲碎了，将蛋清和蛋黄放进锅里用牛奶或汤烹煮的做法。如果是把整个鸡蛋放进水里煮熟的话，客家话有个专门的动词，也是客家饮食里最常用的一种烹饪技艺，叫做"渫"（sàp，方言学者多作"煠"）。"渫"是个古语词，即把生食放进沸水中煮熟，见《齐民要术·种胡荽》："汤中渫出之。"所以不去壳的煮鸡蛋客家话叫做"渫卵"。

　　有趣的是，许多客家话的熟语都与"渫卵"有关。因为鸡蛋煮得太久了，壳会碎，蛋会烂、变得难看，所以有"渫烂（形容破败不堪的样子）""烂烂渫渫""渫俚（形容丑陋无比的样子）"这些说法。又有一句形容咧嘴傻笑的歇后语叫做"渫熟个狗头——牙哨须射"（煮熟的狗头——龇牙咧嘴）。

第七节　鸭松羹

　　鸭松羹是大埔县的传统美食，或作"鸭双羹"，发祥于县城湖寮一带（含枫朗、百侯等乡镇）。鸭松羹的外观是红褐色的，初见之人看到往往会望文生义，误以为是用鸭血、鸭肉做成的。其实，鸭松羹是用淀粉、红糖、食用油、陈皮粉末、瓜片以及生姜等做成的一道甜食，和鸭子没有丝毫关系，就像"老鼠粄"之于老鼠一样。

　　之所以写成"鸭松羹"，一是因为同音字的关系——其正确写法应该是"压松羹"。据大埔当地人介绍，这种美食"煮的时候要压，吃的时候一咬就断（很轻松）"，所以叫做"压松羹"。二是鸭子的形象十分讨喜，在古代，上至庙堂，下到草舍，长期以来都视鸭子为"科甲"的象征，所以写成"鸭松羹"更有好的寓意。

　　鸭松羹的口感类似于龟苓膏和果冻，它甜而不腻、香嫩松软，带有一种十分微妙的生姜香，让人吃了有一种耳目一新、豁然开朗的感觉。不仅如此，鸭松羹也有排毒养颜、驱邪祛暑等养生功效。更为重要的是，鸭松羹还具有孝顺长辈的文化内涵，是大埔客家人寿宴上必不可少的小吃。

　　鸭松羹的原形至少可以追溯到南宋时期的甜羹。爱国诗人陆游曾有诗云："老住湖边一把茆，时沽村酒具山殽。年来传得甜羹法，更为吴酸作解嘲。"在《山居食每不肉戏作》诗序中，陆游还介绍了他引以为傲的"甜羹法"，即"以菘菜、山药、芋、莱菔杂为之，不施醯酱，山庖珍烹也"。而鸭松羹的大致做法是：先将生粉炒熟，配以红糖和适量的清水煮成黏稠状；盛起来后用纱布过滤，去掉杂质，再倒入锅里，加入陈皮末、生姜末等配料并煮沸；用筛子均匀地筛些熟粉进去，注入油料，同时不断搅拌成羹。

　　鸭松羹虽说是小吃，但其分量可不小，价格也不便宜。这是因为制作鸭松羹所需要的原材料比较多，制作工艺也相对复杂。虽然经过上千年的历史演变，鸭松羹无论原材料还是制作手法，都与甜羹产生了差异，但仍不改它们一脉相承的关系。

第八节　炸芋丸

　　清乾隆《嘉应州志》卷一《舆地部·物产》载："芋，有水、旱二种。"客家地区的芋头品种多样，是客家人日常饮食中不可或缺的食材之一。在闽西客家土楼地区，有一种叫"凤爪"的美食，看似鸡爪，实际完全是用芋头做成的。在梅州，芋头在客家菜中的应用也十分广泛，如香芋芡实煲、香芋扣肉、香芋捆粄等。梅州人还喜欢把芋头做成丸子，或蒸或炸。提起芋丸，马上浮现在梅州人脑海中的便是炸芋丸。

炸芋丸色泽黄艳、香脆可口，带有浓郁的姜香味，它和徽儿、煎圆儿、油角一样是春节小吃，属于贺岁食品。大年二十五"入年暇"以后，家家户户通过制作、馈赠炸芋丸等油炸食品，拉近与亲朋好友、左邻右舍之间的距离，使得年味儿更添一份温馨与喜庆，其乐融融。

炸芋丸的原料是芋头（通常只选用白荷芋，别称"六月芋"）、白砂糖、生姜、花生米、糯米粉以及细盐等。其制作过程大体是：先刨去芋头和生姜的表皮，洗干净后刷成丝，齐齐放入盆中，加入适量的糯米粉和细盐，注水均匀搅成糊状，再加入花生米（客家话"番豆仁"）捏成团子，放进油锅里炸成金黄色后即捞起，沥干油水，冷却后装瓮密封。

最近几年十分流行"谐音梗"，客家地区也不例外。"芋丸"因为和"务员"同音，成为人们戏谑人与人之间差距的笑料。例如，"汝就（当）公务员，我就炸芋丸"，类似"汝就中文系，我就敨大气"①。

第九节　柿花

每到农历的九月、十月，柿子便成为客家乡村一道靓丽的风景线。金黄色的柿子沉甸甸地挂满枝头，漫山遍野，在金秋的阳光照耀下，在蓝天、绿水的映衬下，与客家山村静谧的田园风光搭配，总是能给人们勾勒出一幅田园牧歌式的安逸而恬静的画卷，让人远离喧嚣，享受寂静。

客家人不仅喜欢吃新鲜的柿子，而且擅长将柿子做成柿饼。福建永定，台湾新竹、嘉义，江西于都和广东梅州都是小有名气的"柿子之乡"。以客都而言，盛产柿子的地方主要集中在大田镇。大田镇隶属于梅州市五华县，自古以来就以盛产柿子而远近闻名。

柿饼，也叫柿花，是用柿子做成的一种扁平状的甜食。今时今日，只要有人提起柿花，绝大多数客家人都会马上想到"大田柿花"。大田柿花

---

① 客家话"系"和"气"是同音字。这句话的意思是"你就上大学读中文系，我只能在家唉声叹气"。"敨"俗作"㪤"，音těu，吐、叹的意思，见《水浒传》第二十六回"（武松）看何九叔面色青黄，不敢敨气"。

质软肉厚、馨香甘甜、口感独特，同时具有较高的营养价值。不少客家人喜欢用柿花泡蜂蜜，据说常喝可美容养颜，尤其对化痰止咳有效。值得注意的是，柿花的表面有一层白色的"霉状物"，这其实是柿花精制以后自然生成的柿霜，并不是变质的表现。大田人把柿饼称为柿花，其中原委无从考证。

据五华地方文史资料记载，大田出产柿花有300多年的历史。传说明朝正统年间，大田柿花被钦点为皇室贡品。大田有"无柿不成家"之说，故有"柿花之乡"的美誉。大田柿花以其果大、质软、核少或无核、味甘而久负盛名，其优良的品质，得益于选料讲究、加工精细。

柿花的制作流程大体是：每年立冬过后，即"霜风"之时，人们开始采摘柿子，因为此时的柿子养分积累充分，果实熟透，加上彼时天气晴朗，风干物燥，利于加工晾晒。将削皮后的柿子平铺在竹簸箕里，置于室外阳光下晾晒一周左右，待柿子表面起皱，再手工去核，捏成饼状。待表层析出柿霜后，便可储藏食用或售卖。

柿饼性甘湿、无毒、润心肺、止咳化痰、清热解渴、健脾涩肠。新鲜的柿子里含有大量水分、葡萄糖和果糖等，被晒成柿饼时，水分逐渐蒸发，果肉所含的葡萄糖和果糖渗透到表皮，形成葡萄糖结晶，类似蜜饯外面的糖浆，堪称柿饼的精华，还能够使整个柿饼保持干燥。柿饼经过加工熬制，可治疗便血和老年人的咳嗽，对肝炎也有一定的疗效。但是体弱多病、产后、病后、外感风寒者和贫血者不宜食用，糖尿病患者禁食。

第六章　茶饮酒水

第一节　漫话茶饮

冲泡到几乎没有茶味的茶叶，客家话叫做"茶脚"；行业老手，如轻车熟路的老司机，客家话叫做"老茶脚"。由此可以管窥，茶在梅州人日常生活中的重要性。

茶，是饭的补充品。俗话说"柴米油盐酱醋茶""茶余饭后"，茶总是和吃饭相提并论、密切相关。在梅州，老百姓最常喝的茶饮不外乎绿茶和乌龙茶（含蜜兰、黄枝香等）。这是因为当代客家菜重油盐、多肉食，而绿茶和乌龙茶都能起到解腻减脂的作用，并且香气十足，饮之既有助消化又能提神醒脑。

茶，是酒的替代品。空腹饮茶带来的眩晕感，梅州人谓之"打茶醉"。"寒夜客来茶当酒"[①] 是梅州人展现其待客之道时最常说的一句话。"茶三酒四"[②] 则是梅州人表现其休闲的生活方式，享受慢生活时最常用的一个熟语。

也许没有太多人知晓，梅州也是个茶叶生产和消费的大市。在梅州，各地都有以"茶"命名的地方，如大埔的茶阳古镇、五华的茶亭凹、丰顺的茶亭岗、梅县的新茶亭等地。茶叶方面，除前文所提及的绿茶和乌龙茶外，老茶（生普、熟普等）、红茶也受到部分梅州人的青睐。此外，用作药饮的凉茶、可以充饥的擂茶，也存在于梅州人传统的日常饮食之中。

梅州种植茶叶的历史由来已久。在清代王煐编撰的《惠州府志》中，便有长乐（旧属惠州府，今为五华县）人生产土茶的记载。另据地方传说，梅县区阴那山灵光寺和大埔县西岩山西竺寺的历代僧人都有在寺庙前

---

① 出自宋代杜耒《寒夜》："寒夜客来茶当酒，竹炉汤沸火初红。寻常一样窗前月，才有梅花便不同。"

② 梅州人认为三个人一起喝茶气氛最好，因为一人一口，三人为"品"茶。喝酒则四人最佳，因为醉生梦"四"，无忧无虑。

栽种茶树、加工茶叶的传统。明清时期，茶叶生产遍布全梅州，名茶层出不穷，如梅县区的清凉山绿茶、兴宁市的官田茶、五华县的天柱山茶、丰顺县的马图茶、大埔县的西岩山茶、平远县的"镬笃（锅底）"茶和南台茶、蕉岭县的黄坑茶等。

第二次鸦片战争结束之后，汕头开埠，梅州产的茶叶更是成为销往南洋的热门商品，特别是清澈透亮、芳醇爽口的清凉山绿茶，深受广大华侨华人的欢迎，久负盛名。中华人民共和国成立以后，梅州成为广东重要的茶叶生产基地，出产的优质茗茶有兴宁单丛、宋种、清凉山绿茶、马图茶、镬笃茶、石正云雾有机绿茶等，涵盖了乌龙茶、绿茶（客家话别称"青汤茶"）以及红茶（客家话别称"赤汤茶"）这三大茶类。

梅州本土出产的茶产品中，底蕴最为深厚的当属乌龙茶。乌龙茶别称青茶，是一类介于绿茶与红茶之间的半发酵茶。它滋味醇爽、甘鲜，汤色澄黄明亮，有如琥珀。它香韵持久，回甘力强，常饮能提神益思，有助于促进脂肪分解。

大埔县西岩山是梅州市乌龙茶的代表产地。据介绍，西岩山茶的基本制作流程是：采摘、日光晒青、室内萎凋、浪青、静置发酵、炒青、圆揉等。

根据《大埔县志》的记载，西岩山麓属凤凰山系，位于大埔县枫朗镇，山的东部与南部面向潮州市饶平县。主峰海拔 1 256 米。西岩山山清水秀，云雾缭绕，土质松软肥沃，拥有得天独厚的自然气候和地理条件，非常适宜茶树的种植，所产茗茶嫩绿光鲜、甘醇清香，闻名遐迩。相传，古时候有人在东麓定居，恰好此山位于村的西面，故名"西岩山"。西岩山山体庞大，山上不仅有鬼斧神工的奇峰异石，而且有不少古迹。清道光二年（1822）的《广东通志》将西岩山列为广东胜景之一，称"名胜匹阴那，风景感神州"，有不少文人墨客在此登高远眺、题咏留名。例如将薄饼引入大埔的百侯名人杨缵绪的父亲杨之徐就曾在康熙年间写诗云："望到西岩不尽峰，连天翠色意何浓。一朝雷雨绕云气，却怪深山有伏龙。"

绿茶方面，先前介绍的清凉山绿茶是梅县乃至客家地区名气较大的茶。梁伯聪《梅县风土二百咏》载："清凉茶产有佳名，再数三台又石坑。"据史料记载，清凉山绿茶名始于唐宋，兴于明清。历代诗文对清凉山绿茶都赞誉有加。如清代兴宁文人傅兆麟用"云脚云头树几行，在山时已饱风霜。回甘有客思余味，解渴凭人涤热肠"的诗句来赞颂清凉山绿茶的芳香馥郁。清凉山绿茶外形呈条索状，色泽银绿，茶汤清澈碧绿，食后口留余甘；极耐冲泡，具有降血压、防治坏血病及糖尿病等功效。除清凉山绿茶外，产自丰顺县的马图茶、平远县的镘子茶也相当有名，其中镘子茶又有上、中、下之分，各具特色，即所谓"上镘子香甘、中镘子滑甘、下镘子苦甘"。至于红茶，因为是全发酵茶，口感甘甜，具有清热解毒、健脾暖胃、利尿解乏、延缓衰老等功效，更适宜不同年龄层的人饮用，也受到部分客家人的欢迎。

　　不同的茶冲泡的时间有不同的讲究（例如水温、茶具、出汤的速度等）。不过，不管是什么茶，泡的时候都要注意不要泡得太浓，因为浓度太高会适得其反，于身体无益。顺带一提，浓度很高、颜色很深的茶客家话叫做"酽茶"，这个"酽"字是个古语词，也可用于酒，见苏东坡的《正月二十日与潘郭二生出郊寻春忽记去年是日同至女王城作诗乃和前韵》："江城白酒三杯酽。"

　　总体而言，梅州的饮茶之风盛行，茶文化发达，这与梅州独特的地理环境不无关系。要之，梅州山多林密，湿热多瘴，人易犯困或染上暑热之疾，而茶叶具有清凉解暑、提神醒脑等功效，正好可以应对气候环境所致的各种病症。

　　茶文化方面，梅州人和其他地市的客家人一样，将自己的生产生活场景从现实生活搬上了舞台乃至银屏，将茶文化演绎得淋漓尽致，发展出采茶调、采茶灯和采茶戏等文艺。采茶调是客家山歌中的一种曲调，反映的是客家人在茶山劳动的场景；采茶灯则是模仿采茶劳动场面而产生的花灯艺术；采茶戏则是将赣南的采茶歌与闽西、粤东的采茶灯等艺术形式有机融合在一起而形成的一种地方剧，表演时演员身系围裙，辅以茶篮、纸扇等道具，模仿上山采茶的动作。采茶戏表演起来语言幽默、动作诙谐、说唱结合、载歌载舞，具有鲜明的客家色彩，充满浓郁的生活气息，在今天的粤闽赣客家地区都很流行，广东省尤以五华县为最，群众基础甚好。

第二节　擂茶

　　唐代陆羽《茶经》载："茶之为饮，发乎神农氏，闻于鲁周公……盛于国朝。"由此可见，早在神农尝百草的上古时代，饮茶之风就已经在我国形成了。延至唐朝，又达到了空前兴盛的状态。只不过，唐朝人所饮之茶，实为《茶经》中所介绍的"庵茶"：

　　饮有粗茶、散茶、末茶、饼茶者，乃斫，乃熬，乃炀，乃舂，贮于瓶缶之中，以汤沃焉，谓之庵茶。或用葱、姜、枣、橘皮、茱萸、薄荷之等，煮之百沸，或扬令滑，或煮去沫，斯沟渠间弃水耳，而习俗不已。

由上可知，唐朝人对茶的消费方式与其说是"饮"，不如说是"食"，因为烹煮茶叶的同时还要加点葱、姜、枣等配料。客家先民因为长期生活在相对偏远、封闭的山区，较少受到外部世界的干扰，加上南方特有的生存环境和少数民族文化的影响，保留了不少唐朝饮茶的遗风，故而一直管"喝茶"叫"食茶"。

客家人最多"食"什么茶？当然就是本节所要介绍的擂茶①了。毫不夸张地说，客家人的擂茶，实际就是对唐朝茶文化的继承与发展。顺带一提，咱们今天用沸水冲泡茶叶喝茶的方法叫做"撮泡法"，它起源于明朝，缘于明太祖朱元璋在洪武二十四年（1391）10月下的一道要求罢造团饼茶、改贡叶茶的诏令。此后中国茶风大变，中原地区上至皇亲国戚，下至黎民百姓，纷纷改用"撮泡"的方式饮茶，这种饮茶方式也影响到了客家地区，成为客家茶饮的主流。

考古发现，福建省三明市宁化县石壁镇早在唐朝就有规模较大的专制擂钵的陶窑。现在石壁一带的客家妇女出门仍然喜欢携带吃擂茶用的银勺，以便在亲朋好友家享用擂茶。制作擂茶的工具，一是擂槌，二是擂钵（或称牙钵）。擂槌是一种形同擀面杖的木棍，一般选用质地坚硬的树木如油茶木、樟木或楠木做成，长约三尺，上细下圆，便于来回研磨；擂钵则是内壁粗（一般有横条或网格状纹理）的阔嘴陶器。简易的擂茶制作方法是把茶叶放进擂钵，稍微润湿之后，便用擂槌把它擂成浆状，再加少许食盐，冲入开水即可饮用，称为"盐水茶"或"咸茶"。这种擂茶一般为家庭日常自用，极少拿来招呼客人。

待客之擂茶则比较重视配料的选择和搭配。要将做好的盐水茶盛在碗里，撒上炒油麻、炒米（爆花米）、炒花生米，便成了"油麻茶""炒米茶""花生茶"。若再加上熟饭、熟豆，则叫"饭茶"，这种擂茶在陆河、揭西一带的客家地区较为流行。油麻茶有两种：一种炒熟，另一种把生油麻混于茶叶中在牙钵里擂成。炒米茶也有两种：一种用上好的油尖米蒸熟晒干炒成；另一种用煮熟晒干去壳椿白（即脱皮）的赤谷炒成，叫"炒粟米"。

---

① 擂茶比较流行的客家地市主要有：江西省的于都、瑞金、石城，福建省的宁化、将乐、泰宁，广东省的陆河、揭西、五华、丰顺以及台湾省的桃园、新竹、花莲、东势（台中）、美浓（高雄）等地。

除花生米、芝麻等配料外，客家人擂茶时还喜欢加进青草药，如积雪草、金钱草、紫苏、野菊花、马兰、鱼腥草等。这种擂茶主要针对人体的一些不适症状而擂制，起到治病保健的作用。

客家地区平日食擂茶每天分两次，分别在上午 10 时和下午 4 时左右。海陆丰地区有竹枝词云："辰时餐饭已餐茶，牙钵擂来响几家。厚薄人情何处见？看佢落几多芝麻。"人们习惯称此时辰为"食茶宴"，常用来作约会亲朋好友的时间代名词。传统社会擂茶是客家人招待客人的重要食物，客人一到，即捧上擂茶招呼客人，客人吃得越多，主人越高兴。

需要指出的是，擂茶虽然不算客都饮食的特色，但是自古以来都是存在于梅州（梅县话有"擂钵头"一词，形容言行举止荒诞不经之徒）的，尤其是在五华、兴宁、丰顺等地。最近一二十年，随着各地客家文化交流的深入和全域旅游观念的兴起，特别是在相关人士的大力推动和宣扬下，擂茶在梅州市区较为有名的旅游景点里也成为一道必不可少的风景线。游客不仅可以亲身体验制作、研磨擂茶的乐趣，而且可以品尝到用擂茶制成的各式各样美味的客家小吃，如颇具特色的擂茶发粄，十分有趣。

第三节　凉茶

在梅州乃至全广东，有一种茶特别奇怪，名曰凉茶，实需热饮。这是因为凉茶的凉，指的是它的性质而不是温度。饮用凉茶的目的在于降火，不让"热气"发作。所谓热气，简单讲，就是内热发作，如火在喉，让人喉咙痛、牙龈肿、眼充血、耳鸣噪、脸爆痘……火从哪里来？多半从煎炸、辛辣的食品中来。

因而，凉茶与其说是茶饮，毋宁说是药饮。凉茶的主要作用在于清热解毒，或预防或医治疾病。但问题在于，茶与药之间，本来就没有绝对的界限，哪一些凉茶是茶，哪一些凉茶是药，实在不好一概而论。

在梅州人看来，不仅仅是采摘自茶树上的叶子才叫茶叶，许多草本植物的根、茎、叶、花以及木本植物的嫩叶也都可以做成茶。几乎每一个在客家农村地区长大的人都有儿时喝"蛇舌草""鱼腥草""金银花"等凉茶的记忆，在夏天也喝过番石榴叶茶消暑解渴。很多城市里的客家人在有余暇有条件的情况下，都喜欢在阳台上、花园里栽培些艾草，一来养眼、美观，二来有需要的时候可以随时采用。客家的凉茶品种繁多，有的晒干后即可直接冲泡饮用，有的则需要煲煮，还有的需要发酵。凉茶的饮用受到季节和气候等外在因素的左右，如春天雨多湿热，适宜喝艾草茶；秋天风高气爽，适宜喝菊花茶。

肠胃不适、肚痛腹泻被客家人称为"屙痢肚"（这个词也可以用来形容一个人办事不力或言而无信）。每遇这种情况，客家人首先想到的就是喝"萝卜苗茶"。萝卜苗洗净、切短后经盐渍、烘干、晾晒等工序即为萝卜苗茶的"茶叶"，然后配以姜片用开水煮沸即为萝卜苗茶。此茶须趁热饮用才有效果，可以在短时间内除痛止屙。除治疗痢疾外，萝卜苗茶还有健脾消滞、行气止痛、除湿利水、清热解暑等功效，是客家家庭一年四季必备的一种凉茶。

到了夏季，客家地区变得闷热起来。这时，梅县、大埔的客家人又喜欢喝一种用番石榴叶做成的"扒儿叶茶"。扒儿，即番石榴的客家话称呼，民间多作"芭乐"。扒儿叶茶并没有什么复杂的制作工艺，只需把摘下来的番石榴叶晒干，放置一段时间后即可冲沸水喝。可能因为拿沸水冲出来的茶浓度不够，有不少客家人干脆在煮水的时候连叶子也一块放进去，这样煮出来的茶更加入味。扒儿叶茶具有清热解毒、排毒利尿的功效，味道甘甜，深受客家老百姓的喜爱。

除了番石榴叶，梅州人还利用柚子研发出了具有医疗效果的柚子茶，其大概的制作过程是：清明时节，将采集来的布惊叶晒干备用；等到秋季柚子成熟时，挑选上好的柚子，剖开柚顶盖，取出中间的柚籽，把柚子肉、柚子瓤用小刀慢慢搅碎，再放入适量的绿茶末和干布惊叶，拌匀；然后用透明胶把柚子顶盖封好，并用橡皮筋将整个柚子绑好；最后拿到通风干燥的地方暴晒一至两个月。柚子本身含有丰富的钙和维生素 C 等元素，加入绿茶末和干布惊叶暴晒后柚子皮慢慢干皱，茶叶、干布惊叶和柚子肉互相吸收气味，柚子茶便制作完成。食用时将又重又硬又黑的柚子敲碎，用沸水冲泡即可。柚子茶冲泡后呈清透琥珀色，喝起来酸甘香醇，别有一番滋味。柚子茶保健功能极佳，有止咳润肺、消痰化气、清热解暑、提神醒脑、益智安神、开胃消食、调理肠胃、缓解便秘、解烟解酒等功效。

第四节　娘酒

对于热情好客的梅州人而言，酒是餐桌上传情达意、润滑人际关系不可或缺的重要存在。因为，适量饮酒不仅有益身体健康，而且能消愁解闷、添欢助兴。或许有人不知道，我国很多知名品牌的酒其实都与梅州人息息相关，例如，驰名中外的"国酒"泸州老窖便是由祖籍五华的温氏家族一手打造出来的。此外，最先将红酒引入中国，同时也是首位让中国的红酒走向世界的是大埔"红顶商人"张弼士。

因为是"华侨之乡"，整体而言，洋酒在梅州的社会地位最高，用名贵的洋酒宴客最能显示宴会的档次。白酒在梅州的种类最多，较为知名的本土品牌有五华的"长乐烧"、平远的"禾米酒""南台酒"、梅县的"围龙屋"、蕉岭的"一线天"等。但要说梅州最温和、历史也最悠久的酒，那非娘酒（属黄酒类）莫属。

客家娘酒，别称"老酒"或"红军可乐"，用糯米特制而成，呈黄褐色，度数不高，一般在10~15度之间，以热饮为佳，口感甘甜，有点类似于绍兴黄酒，但又有明显区别。娘酒极具营养价值，除具有祛风补血、美肤养颜、舒筋活络等功效外，还能催乳，可帮助产妇在较短的时间内恢复元气。

梅州地区酿造娘酒的历史由来已久。《舆地纪胜》载：

循州景物上有老酒；注云：市酤也，腊月酝之，用罂煨熟，历夏秋味全，呼为老酒。子由在循诗云，老酒仍为频开瓮。据此，则兴宁老酒，宋时已有名。吾州与接壤，故亦有冬至老酒之称。王《志》轶事，有梅州酒。注云：苏文忠公跋所书东皋子传云，绍圣二年正月十六日，方谈东皋子传，而梅州送酒者适至，独尝一杯，逐醉，遂书此纸以寄潭使君。又书东皋子传后云，南雄、广、惠、循、梅五太守，间复以酒遗予。又有酒子赋序云，南方酿酒未大熟，取其膏液，谓之酒子。今按，州中酒以人家久藏者为佳，谓之老酒。市酤味淡，谓之水酒。其作酒未炙者为子酒，即酒子也，味甜而易变。水酒亦不可留。唯老酒味厚者，稍能致远，当时梅守送公者必老酒也。仲和案，州中人所藏老酒，其可称者如此，知著名者不止循州也。

由此可见，至少在宋代，梅州就开始出产娘酒了。

梅州人有句老话叫"蒸酒酿豆腐，毋敢逞师傅"。意思是说，制作娘酒就像酿豆腐一样，即使是再有经验的人也不敢妄称师傅，胡乱逞能，随便教人。这是因为酿酒费时费力，其间不确定因素较多，稍有差池就容易把酒做成醋。自己都不敢保证每次都能酿好，怎么敢轻易教人呢？

据兴宁专业酿酒的师傅介绍，酿造娘酒一般有三个重要步骤：①将选好的糯米洗淘、浸透后，放入大型的饭甑中隔水蒸煮两个小时以上，让米变成饭；②糯米饭冷却后加入酒曲，置于酒瓮，使之在密闭的空间里自然发酵一个月左右；③将蒸好的酒倒入酒坛子，再加入红曲，点燃用秸秆、谷壳、木屑等堆砌成的燃料，把酒坛子放在上面，用文火慢煨一天左右，待湿冷之气彻底除尽为止——这个步骤客家人叫"炙酒"。一般客家人酿酒都在入冬以后、冬至以前进行，因为天气寒冷，人们感到手脚有点冰凉时，就会到酒坛子周边烤烤手、暖暖身子，谓之"炙手"。

客家人在酿娘酒前很看重日、时的选择。据师傅介绍，兴宁人特别忌讳在二十一日下午五点至七点之间蒸酒，因为"二十一日"就是"廿一日"，下午五点到七点之间就是"酉时"，合在一起就是"醋"了。而且，要以农历为准，每逢二、五、八的日子如初五、十八、二十二等日子蒸酒利于发酵，不会变成醋，而且酒酿特别多、特别好，所谓"二五八，酒会发"。

有趣的是，为求顺利酿出美味的娘酒，师傅在酿酒的过程中还会在酒缸的盖子上同时放上一本书和一把刀。放书是表示对"酒圣"杜康和"酒祖"仪狄的虔敬（《酒诰》载："酒之所兴，肇自上皇，或云仪狄，一曰杜康。"），同时祈求庇佑；放刀的意思是驱邪避"黑"。"黑"在这里有两层含义：一是希望醋的发明者黑塔（即杜康之子）不要在酿酒期间前来搞破坏，把黄酒搞成黑醋；二是希望避开那些喜欢吃醋的人暗地里说的闲言碎语——旧时，一般家庭酿娘酒十有八九意味着这个家庭有新生命降临。有时候，难免碰到一些见不得别人好的人说些晦气的话。如果晦气话导致酿酒失败的话，就意味着产妇的营养会跟不上，营养跟不上就意味着体能难以恢复、出不了好的奶水，进而阻碍宝宝的健康成长，影响整个家庭。所以为了让那些"小人"暗地里说的不吉利的话没有效果，就放一把刀来镇守。

娘酒当然也是越陈越香。酿好之后，随着年份的增加，娘酒的颜色会发生微妙的变化："（其酒）藏三五年者，尚黄金色，至六七年外，皆转为紫玻璃色矣。饮之极似苏州福贞酒，醇美异常，反觉酒力甚微。"[1]

娘酒除供人饮用外，还是客家地区宗族祭祀的重要物品。例如，在梅州，每逢清明节，家家户户都会备娘酒、三牲（梅州多为"小三牲"，即整鸡一只、整鱼一条、五花肉一块）和香烛扫墓祭祖、缅怀先人。娘酒在梅州人眼中是美好的物品，他们尊祖敬神就是要把最美好的东西献给神灵祖宗。

① （清）黄香铁著，广东省蕉岭县地方志编纂委员会点注：《石窟一征（卷四·礼俗）》，梅州：广东省蕉岭县地方志编纂委员会，2007年，第136页。

《石窟一征》载："初生子，必以姜酒送外家。"以前，如果家里有小孩出生，则婆家必备公鸡一只、娘酒一壶、鞭炮一挂，前往娘家报喜，俗称"报姜酒"；在婚嫁中还有"暖轿酒""结婚酒"之说；小孩出生之日要做"三朝酒"，半月要"吃姜酒"，满月做"满月酒"，周岁要做"过周酒"；老人过生日要做"祝寿酒"。还有"毕业酒""栽禾酒""拜师酒""出师酒""上梁酒""圆屋酒"等，名目繁多，不胜枚举。不管哪种酒席，娘酒都是必不可少的。

把娘酒作为礼品馈赠，也一直是客家地区普遍的文化现象，特别是婚礼，娘酒是女方回赠男方的重要礼品之一。女方将娘酒和其他礼品装在一起，用扁担挑送，俗称"送酒担"，而且所送的酒一般是由女方家亲自酿制的。唯有这样，才能体现真心诚意。最近几年，"乌豆（黑豆）娘酒"格外受到青睐。

顺带一提，因为娘酒，客家人还发明了一道十分经典的菜，叫做"鸡儿酒"，别称"娘酒鸡"或"姜酒鸡"。鸡儿酒具有催乳活血、驱寒暖胃、补中益气等功效，是客家人尤其是客家妇女产后必吃的传统补品[①]，《石窟一征》曰："俗妇人产后月内，必以雄鸡炒姜酒食之，盖取其去风而活血也。"

时代发展至今，鸡儿酒不再只是客家妇女的专利，也不再局限于产后食用，在客家人的婚庆、寿宴、庆功宴上也常能看见鸡儿酒，其深受男女老幼的喜爱。

最后介绍一下鸡儿酒的大概做法：将姜去泥污、削皮后剁成末，用纱布挤压出姜水，倒进碗里；将纱布内的姜倒入油锅里炒至呈黄褐色，把姜从油锅捞起，将油水滤去；取一只肥硕的雄鸡，宰杀、拔毛、去除内脏、洗净，切成大块，用过滤出来的油炒熟，铲起后用滤网把油滤去；把炒好的鸡块、姜渣、姜水等放入瓦煲中，加入客家娘酒和适量红糖煲煮；待煲好后，考虑到油脂太多，可以先冷却成常温，再放进冰箱的冰冻隔层；在低温的作用下，油脂会慢慢凝结成块，取出来后便可轻易地把油层去掉，这时，再把鸡儿酒重新放入炊具内隔水焖煮即可食用。

089

---

① 有营养学家指出，顺产者产后即可食用鸡儿酒，剖宫产者等上半个月左右再食用为宜。

第七章 杂蔬果品

第一节 番薯和番薯叶

番薯，北方一般称作地瓜，它和西红柿、马铃薯、玉米一样，是原产自美洲大陆的粮食作物，在明朝经由东南亚传入我国。有关番薯传入我国的人物及其事迹历来众说纷纭，但有一点可以肯定，第一个把番薯带回国内的不是广东人就是福建人。

清中叶以后，番薯在我国开始广泛种植，对国人的日常饮食生活产生了结构性的影响，使得老百姓在一定程度上摆脱了口粮不足的窘境，并助推了乾隆、嘉庆以降人口的快速增长。

宋德剑老师认为，对生长环境要求不高且产量极大的番薯有效地缓解了困扰封建王朝的饥荒状况。番薯现在我国境内分布甚广，以淮海平原、长江流域和东南沿海各省最多，粤闽赣客家大本营尤甚。梅州人蒙受番薯之恩惠久矣，可以说，番薯在梅州的引种，不仅从量的层面解决了山区粮食供应不足的生存难题，而且番薯本身的保健功能，从质的维度保障了梅州人的健康成长。

"番薯"的"番"，本是"境外"的意思。历史上，潮汕人、客家人都管"出国"叫做"过番"，把故乡叫做"唐山"，把同胞叫做"唐人"。由于地缘的关系，客家人、潮汕人心目中的"番"，往往特指南洋，即新加坡、马来西亚、印度尼西亚、泰国等东南亚国家。

客家话中有不少带"番"的词语，不过有的因为时过境迁逐渐成为死语，有的则在悄然间换成了普通话的说法，至今仍然能够听到的有：番豆（花生①）、番茄（西红柿）、番瓜（南瓜）、番鸭（红嘴雁）、番话（外语）、番背或番片（国外）、番译（翻译）、番鬼（外国佬，贬称）、番婆（外籍男性的配偶）、番批（侨批）、番枧（肥皂）、番银（外币）、番书

---

① 花生在梅州各地的说法不一，梅县人说"番豆"，大埔人说"仙豆"，丰顺人说"地豆"。

（外文书）等。

梅州各县市区皆产薯类，有白薯、黄薯、红薯、紫薯多种，尤以丰顺县八乡山的红薯最为有名，为中国国家地理标志产品。据说，八乡山地区人民种植番薯始于清康熙年间，至今已有三百多年的历史。

在家里"渫（sàp）番薯"，在田间、野外"煨（vōi）番薯"是不少梅州人童年的美好回忆。"渫"指的是水煮，"煨"指的是用未燃尽的灰烬烘烤。梅州人还喜欢将番薯晒干，做成美味的番薯干。

在客家话中，有不少和番薯相关的熟语。例如，番薯在客家话中多用来指代蠢笨的人，曰之"大番薯"或"番薯头"。八竿子都打不着的远方亲戚，梅州人叫做"番薯藤亲"。因蠢笨而贵买贱卖，做了亏本生意的人，客家人多揶揄其"晓算毋晓售，打米挍番薯"。

话题回归到饮食方面。除吃番薯外，吃番薯叶也是梅州人的嗜好。

需要强调的是，原始的番薯叶叶片大而粗壮，粗纤维很多，难以下咽，通常只能剁碎拿去喂猪。梅州人所嗜好的番薯叶是经过人工改良、培育的番薯苗顶端尖嫩茎的品种，其正式名称为"龙须菜"，口感相当爽滑细嫩，被誉为"蔬菜皇后"。

据营养学家介绍，番薯叶具有增强免疫力，提高机体抗病能力，促进新陈代谢，延缓衰老，降血压、血糖，通便利尿，预防动脉硬化，阻止细胞癌变，催乳解毒，保护视力，预防夜盲等诸多良好的食疗功能，无怪乎有网友调侃番薯叶是"蔬菜中的战斗机"。

番薯叶在以前可以说是客家的特色菜，周边的族群大都没有认识到番薯叶的营养价值，只是把它当猪食用，从未想过对其进行改良。根据丰城的宋德剑老师的介绍，番薯叶在其故乡江西宜春丰城从未被端上餐桌，即便在 20 世纪国家经济困难时期也一样。他首次品尝番薯叶还是在 1997 年初访梅州的时候，动筷子之前他百思不得其解："怎么番薯叶还能吃呢？"

不只江西，在和梅州紧邻的潮汕地区（甚至包括今属梅州市辖的丰顺县城汤坑、汤南一带），当地人在以前普遍没有发现番薯叶的食用价值，他们难以想象梅州人竟然会用蒜蓉炒番薯叶吃。殊不知，梅州人所吃的番薯叶和拿来喂猪的番薯叶并不是同一种。

当然，传统潮菜中也有用到番薯叶的地方，那便是鼎鼎有名的"护国菜"。只不过，"护国菜"是特殊历史时期的特殊产物，并不是直接吃番薯叶。20 世纪著名潮剧大师、被誉为"潮汕诗翁"的张华云先生曾对"护国菜"有过高度的总结（见《张华云喜剧集》），其诗作曰：

> 君王蒙难下潮州，猪嘴夺粮饷冕旒。
> 薯叶沐恩封护国，愁烟惨绿自风流。

那么，潮汕的"护国菜"到底是什么，又是怎么来的呢？

简言之，护国菜由捣碎的番薯叶配以小母鸡或其他禽畜熬制的高汤烹制而成，味道极其鲜美。根据粤东一带的民间传说，这道美食起源于宋末帝赵昺蒙难南逃的故事。宋末帝赵昺南逃至潮汕期间，有一回躲在一个老百姓家里过夜。到了晚饭时间，农家实在拿不出像样的饭菜招待这位小皇帝，只能将家中下蛋的老母鸡宰杀炖汤，再用鸡汤焖煮番薯叶作为御膳。赵昺觉得鸡汤烹制的番薯叶十分可口，便询问农夫是何种美食，老百姓不敢直接说是番薯叶，因为在当时当地的人看来番薯叶是给猪吃的，岂敢拿给皇帝吃？于是灵机一动说这叫"护国菜"。从此以后，"护国菜"便在潮汕一带流传开了。

第二节　萝卜与菜头

客家人特别爱吃萝卜，就像对番薯一样，爱到连叶子也不放过。只不过，萝卜的叶子，客家话习惯叫"萝卜青"而不是"萝卜叶"。

萝卜在客家话中存在两派说法，多数派叫"萝卜"，少数派称"菜头"。说"菜头"的，主要集中在毗邻闽南、潮汕的地区，比如丰顺县。因为"菜头"与"彩头"谐音，萝卜在当地的宴席上往往会出现在头一道菜中，寓意"博个好彩头"。

熟悉历史的读者都知道，"萝卜"（繁体作"蘿蔔"）在古代叫做"芦菔"。但可能比较少人知道的是，从"芦菔"变成"萝卜"，并不是萝卜的名字变了，而是"菔""卜"等字的读音发生了变化。也就是说，"芦菔"和"萝卜"原本是一组同音字，它们都是纯表音的假借字而已，拆开没有实际意义。其中，"菔"的声母轻唇化为 f，而"蔔"的韵尾从 k 变成了 t（指客家话中），所以客家话"萝卜"读作 ló pèt。

客家话形容一个人"金玉其外，败絮其中"是"乌芯萝卜好面皮"，意思是外表锃光瓦亮的萝卜，其内心往往是又黑又烂的（类似的表达还有"屎乌蝇，金澄澄"）。如果不慎吃了"乌芯萝卜"，那简直是"蟒蛇穿竹篱——毋死都挼层皮"（比喻身陷险境，即便侥幸不死，也得遭罪）。

如前文所述，在以前，客家小孩子要是肠胃不适，不停地"屙痢肚"

（拉肚子）的话，家长首先想到的就是赶紧煲碗萝卜苗茶让他喝。萝卜苗茶与其说是茶，不如说是一种味道极为苦涩的中药汤。一大碗热气腾腾的萝卜苗茶，对于制止普通的闹肚子效果不错，在消暑、退烧等方面也有一定的效果。

萝卜在客家菜中有多重要，看与之相关的菜品名目就一目了然了。我们知道，客家人格外喜欢"圆"，做人强调圆滑，做事追求圆满，逢年过节更是要团团圆圆、和和美美。"丸"在客家话中和"圆"同音，因而客家人便把对"圆"的追求寄托在了各种各样的丸子中，甚至连外表一点都不圆的炸芋头，也被强行称为"芋丸"。

除"圆"外，客家人还喜欢"板"。"板"在古代指的是朝笏，即大官上朝时所持的手板（清朝以后就没有了）。此外，唐太宗李世民有一首诗："疾风知劲草，板荡识诚臣。勇夫安识义，智者必怀仁。"李诗中的"板"指的不是朝笏，但同样可以让我们联想到"高官厚禄"。

"板"对于喜欢读书做官（至少在家里当个"家官"，即公公）、追求有板有眼的客家人来说自然没有理由不喜欢。特别是最近几十年，"板"又有了"老板"的意思，容易让人联想到荣华富贵，更没有理由不在美食中有所体现了。于是乎，各种各样的粄食应运而生、琳琅满目。在这些美食当中，笔者首推萝卜粄。客家萝卜粄的形状因地而宜：有的地方会做成饺子一样的；而有的地方比如梅县，通常做成朝笏状，一块块的。萝卜粄先蒸后煎，外酥里嫩，吃起来十分美味。

第三节　蕨菜

李渔曾经说过："声音之道，丝不如竹，竹不如肉，为其渐近自然。吾谓饮食之道，脍不如肉，肉不如蔬，亦以其渐近自然也。"（《闲情偶寄·饮馔部》）他主张"草衣木食"，即日常饮食要尽可能地亲近自然，并认为这是"上古之风"。

对于从小就生长在山区的梅州人来说，饮食方面最大限度地亲近自然、"草衣木食"，莫过于上山采摘野菜了。在众多野菜中，山蕨可谓梅州人的挚爱。相信不少读者小时候都有过上山"拗蕨"的经历，拗蕨就是采摘山蕨的意思。

山蕨是一种野生的蕨类植物，专门生长在山林背阳、低洼湿润的地带，每年农历二三月份是其新叶生长的季节。蕨的嫩芽即蕨菜，富含蛋白质、矿物质、胡萝卜素和维生素 C 等成分。蕨菜清香适口、风味独特，素有"山菜之王"的美誉，适于拌、炝、蒸等多种烹饪方式。

在梅州，居民食用蕨菜的历史由来已久，这或许与历史上客家地区物产匮乏有一定的关系。清乾隆《嘉应州志·风俗》载："土瘠民贫，农知务本，而合境所产谷，不敷一岁之食。"这句话说的是梅州的田地所产不能满足老百姓的日常饮食所需，于是乡民就地取材，从大自然中选取野生食材。

梅州人喜欢用酒糟炒蕨吃。根据宋德剑老师的介绍，它的具体做法是：将生蕨置于锅中用开水煮熟后，取出撕开，用清水浸泡一两天，每天换清水数次，除去其苦涩之味；将沥干的蕨菜放入烧热的熟油中爆炒，加入适量精盐，再辅以客家人喜欢的红曲、姜蒜调味，最后再撒上酒糟。

由于蕨菜出产的季节性，客家人一般会将春季采摘的山蕨洗净晒干，以备他日之用。这种蕨菜称为蕨干，现在已经作为客家特产，在梅州各大商场、特产店售卖。外地人来到梅州旅游观光喜欢带蕨干回去品尝，梅州人外出探亲访友也喜欢将其作为礼品馈赠亲友。

蕨干的做法有两种：一种是食用时先用水泡发，再烹炒，做法如同新鲜蕨菜，但因其属于干菜类，吃起来不是那么新鲜可口，故较少用这种烹饪之法。另一种是拿来煲汤，最常见的有"蕨干血骨汤"，其大概做法是：蕨干提前一晚浸泡，煲汤前捞起洗净切段，血骨洗净切块，氽水捞起；用砂钵煮沸清水，放入所有材料，煮开后转中小火煲两个小时，下盐调味即可食用。当然，蕨干还可和龙骨、排骨以及鸡、鸭等荤类食材搭配煲汤，以适合不同人群的口味。

据说，蕨菜有清热利湿、活血止痛、健脾安神之效，常吃蕨菜可治疗高血压、头晕失眠、内伤出血、慢性关节炎等病症。然而，蕨菜性寒，尤其是体质偏寒者不宜多吃，吃多了容易腹泻。最后要强调的是，吃蕨菜并非客家饮食的专利，像东北菜里的"鸡丝蕨菜"、广西菜里的"腊肉炒蕨菜"也都十分有名。

第四节　香菇与红菇

清康熙《程乡县志·物产》载："夫竭妇子，终岁之勤而得之者，不过谷粟布缕，鸡犬果蔬，仅供日用之需而已。"温和湿润的地理环境造就的粤东北山区丰饶的山林特产，成为梅州人传统食材的主要来源，其中尤以菇类最具人气。客家人甚至把胸部称作"乳菇（nèn gū）"，这不仅因为乳房外形酷似菇类，更因为乳汁是人的一生最初始、最重要的营养来源。这从另一个角度折射出菇类的营养价值。

梅州的菇类品种多样，有香菇、红菇、草菇、鸡㙡菇、猴头菇等，其中应用最广泛的当属香菇。香菇别称"香信"，味道香郁鲜美，肉厚皮甘，营养丰富；既是一种高级食品，又是独特的调味佐料，富含人体所需的多种氨基酸，具有极高的药用价值；有增强人体抗病能力，预防感冒，抵抗肝病、血管硬化、肿瘤、病毒，降血压，消食健胃，止痢解毒等功效。

宋德剑老师指出，在客家人的食谱中，香菇是不可或缺的原料之一：在制作酿豆腐、百侯薄饼、烧卖、笋粄等馅类食品和煲制各种羹汤时都会用到香菇。现代人可能会认为是香菇的营养成分造就了人们在烹饪过程中的选材取向，但就传统而言，则是香菇产地的自然属性以及满足人们味觉的生理需要所致。

说起香菇，就不得不提五华的酿香菇，这是除酿豆腐之外，当地又一道风味独特的名菜。每年农历十一月至次年三月左右，霜冻过后，雨过天晴，是野生香菇生长的最佳时节。乡人往往会将采摘来的香菇放在檀香木炭上烘烤干，再拿来制作菜肴。野生香菇以冬菇为佳，春菇次之。春菇一般果大肉薄；冬菇一般不大，菇顶肉厚唇翘，形如铜锣，外圈有卷起的边，故俗称"铜锣唇"，是酿香菇的上品。制作时，把菇柄末端去除，将肉馅黏附在菌盖内侧，再涂上鸡蛋清，然后放入锅内用文火蒸熟，即可食用。此外，香菇煲猪肉、香菇与猪肉馅酿豆腐，也是当地的上乘菜品。

除香菇外，红菇也是梅州人的最爱。这是一种比较稀少的野生真菌，素有"中国纯天然高等野生山珍"之美称，号称"菇中之王"。红菇适合在高温多雨的环境中生长，在梅州主要产于五华、梅县的深山老林之中。直至今日，红菇仍不能靠人工种植。

红菇含丰富的维生素，并含有其他食品中稀少的烟酸，以及微量元素铁、锌、硒、锰等，营养价值极高。《本草纲目》载："红菇味清、性温、开胃、止泻、解毒、滋补，常服之益寿也。"可见，红菇早在明代就被前人食用。红菇有养肝补血、健胃强肾之功效。小孩泄泻用红菇炖汤可止泻，妇女坐月子吃些红菇可滋补健身，所以红菇又有"南方红参"之称。或许是由于其食疗功效和稀缺性，红菇进入老百姓餐桌的少之甚少，成为客家地区名副其实的"山珍"食材。

红菇价格不菲，目前最低都要四五百元一斤，品质好的甚至高达数千元。因此，人们很少用干炒或焖烧等方式来吃红菇，认为这样容易造成营养流失。普遍的烹饪方法是用红菇来煲制各种靓汤，如红菇骨头汤、红菇鸡汤、红菇老鸭汤，其中以红菇与土鸡一起煲汤为最受欢迎、最美味的吃法。

用红菇来煲汤的做法或许不限于客家地区，但是红菇炒饭却是梅州一带的特色美食。这种美食的形成可能得益于客家人的节俭思想，红菇不适合采取炒、焖等烹饪方法，煲汤后口感又很"柴"，很少人食用，因而过去不甚富足的客家人觉得这是一种浪费，且这种观念一直延续至今，于是红菇炒饭便应运而生。

第五节　狗爪豆

狗爪豆，学名黎豆，遍布我国南方山区，如广东、广西、江西、湖南、贵州、浙江等省。狗爪豆属于野生豆类，豆荚肥大厚实，布满绒毛，富含铁元素和植物蛋白，具有温中止痛、强筋壮骨、护肾和排毒的功效。因其形似"狗爪"，皮像"狗皮"，故称其为"狗爪豆"。

梅州人亦称狗爪豆为"狸豆""虎豆"或"狗皮豆"。由于狗爪豆有微毒，含有"麻痹物质"，故又称"植物河豚"。狗爪豆的豆荚与里面的豆子均有毒，豆荚外膜有一层浅毛，须撕掉外皮，再用水煮沸十五至三十分钟，然后置于清水中漂洗浸泡——据说不浸泡就食用的话易导致头晕。

酒糟焖狗爪豆是梅州人较为喜欢的一道传统菜肴。先将狗爪豆剖开，清水浸漂后煮熟"去毒"，加入酒糟焖熟，调味出锅即成。酒糟焖狗爪豆口感"肥厚而多肉"，兼有酒的浓香，不失为一道美食。

第六节　金柚

梅州的柚子品种多样、粒大饱满，有红心蜜柚、水晶柚、沙田柚等。要说梅州种植面积最广、产量最大、名气最盛的柚子，那非金柚莫属。1995 年，全国首批"百家中国特产之乡"组委会授予梅州"金柚之乡"的称号。这是继"文化之乡""华侨之乡""足球之乡"之后，梅州获得的又一个美誉。

梅州金柚即沙田柚。之所以更名为"金柚"，一是因为种植、售卖沙田柚是众多梅州人的主要收入来源，柚子也早已成为梅州山区的支柱产业之一；二是因为梅州沙田柚的品质和名气早就"青出于蓝而胜于蓝"，无论是种植面积还是产品质量，都超越了其本家广西，为了区别于本家及其他地方的沙田柚，不得不更名。

那么，沙田柚到底是如何引进梅州的呢？民国初年，籍贯梅县丙村的印尼华侨郭仁山以及出身松口的日本早稻田大学毕业生梁隽可，不约而同地从广西容县引进了沙田柚，分别在他们的老家丙村和松口两地种植。经过长期的栽培选育，沙田柚种植逐渐拓展至全梅县区乃至整个梅州市。

金柚味甘、性寒，放置越久糖化得越充分，具有清热解毒、理气化痰、润肺清肠、除痰止渴、补血健脾等功效，能治食少、口淡、消化不良等症。柚果中含有人体需要的天然果胶，有降低血糖血脂、抗癌、抗菌、解毒、止血和调节肠道机能的功效。金柚富含生理活性物质柚皮苷，能够降低血液的黏滞度、减少血栓的形成，故可预防脑血管疾病，如脑血栓、中风等。

梅州人赋予了金柚许多吉祥的象征意义，寄托了对生活的美好愿景。柚子的"柚"和"保佑"的"佑"同音，"柚子"即"佑子"，被人们认为有吉祥的含义。"柚子"又与"有子"谐音，更是山区客家人"多子多福"的传统观念在饮食文化中的鲜活体现。此外，柚子外形浑圆，象征团圆，所以也是中秋节的应节水果。客家人过中秋节，除了月饼、猪肠糕、白切糕、月光糕等传统的中秋食品外，柚子也是必不可少的。

现在，随着对柚子食用价值的发掘和技术手段的日益进步，客家人对柚子的利用不再停留在"浅尝辄止"的食用阶段，而是朝着以柚子为原料的深加工、广开发的方向努力。金柚可以制成金柚酒、金柚含片、柚皮糖、柚黄酮、金柚饮品、金柚茶、柚皮精油、柚子蜜酱、吸附剂等一系列高附加值产品，柚叶可以用来提炼香精，柚核可以制药、制洗发剂。

柚子皮味辛、苦，性温，有化痰止咳、理气止痛的功效，故可入药。此外，用柚子皮防虫、除臭、除甲醛是很多梅州人从小就知道的常识，所以至今仍有很多客家人喜欢在自家的冰箱里、车里放一两块柚子皮。

以前经济条件差，从小就酷爱足球运动的梅州小孩还会把柚子当球踢，据说"世界球王"李惠堂的童年便是这么走过来的。可以说，柚子一身都是宝，堪称"宝柚"。

第七节　荔枝

荔枝，汉代以前多作"离支""离枝"。根据唐朝诗人白居易的解释，

"离支"之名，得于此果物离开本枝后色味皆变的现象。作为南国珍果的荔枝，自古以来就是诗人争相吟诵的对象，从唐代杜牧的"一骑红尘妃子笑，无人知是荔枝来"到宋代苏轼的"日啖荔枝三百颗①，不辞长作岭南人"，从明代丘濬的"世间珍果更无加，玉雪肌肤罩绛纱"再到清代丘逢甲的"平生嗜荔如嗜色，情人之眼皆西施"，将人们对荔枝的喜爱表现得淋漓尽致。

梅州地处粤东北地区，属亚热带气候。除平远县外，各县市以前均有种植荔枝，历史上尤以梅县松口和东厢的有名。清光绪《嘉应州志》有载："荔枝以松口为最，东厢次之。"以松口古镇为例，当时有鹧鸪斑、蕉红、纤丝、丁香结等品种。丁香结即今之焦核荔枝，俗名香荔，又曰香果，核小而肉厚，兼檀木色、香、味之胜。清人吴兰修②因其松口老家多产荔枝，索性将其所著诗词集命名为"荔村吟草"。这本诗词集中有许多关于荔枝的诗句，如"千树荔枝围草屋""元月荔枝三月笋，故乡那得不思归"等，可见当年松口荔枝之盛。不过现在松口一带已经没有什么荔枝出产了，松口镇的铜琶村下店世德堂围龙屋内还遗存有丁香结荔枝树一株，当地人称"五月红"，据传有三百多年的历史。

据宋德剑老师转引张自中先生的考证，梅城凤尾阁一带（今江北金山巷附近）也产荔枝，以珊瑚坠最著名，它于五月成熟，颜色鲜艳、果肉芳香。不过，由于城市的变迁，这一带已经变成了梅江区的中心地带，种植荔枝已成为历史。如今，五华华城的荔枝种植较有名气，华城荔枝素以核小、肉厚、汁多而闻名。

清代和民国时期，入夏的华城小教塘（今华城镇东门村）一带呈现"满园树婆娑，红果枝头挂。彩霞相辉映，古镇美如画"的荔枝丰收景象，故有华城荔枝湾之称，所产荔枝畅销汕头、潮州、老隆以及南洋等地。据小教塘的《孔氏族谱》记载：华城小教塘的荔枝是在康熙三十年（1691）由在陕西省扶风县任知县的族人孔元祚在一次省亲时，带回家乡培植而成。此种荔枝一般在清明前后两天开花，夏至后十天至小暑结果成熟，收获偏迟，并有细核、肉厚、汁多的特点。

中华人民共和国成立后，华城细核荔枝引起了专家的注意，他们对此

---

① 或曰"日啖荔枝三百颗"是苏轼不解粤语的笔误。正确理解当是"一啖荔枝三把火"，即吃一口荔枝就上火。因为"日"和"一"，"颗"和"火"在粤语中是谐音字。

② 吴兰修（1789—1839年），字石华，梅县松口下坪阙里村人。嘉庆十三年（1808）举人，精通文史、诗词，对数学也颇有研究，著有《方程考》。吴兰修对五经亦造诣甚深，人称"经学博士"。历任广东信宜训导，监课广州粤秀书院。详见梁德新、陈标君：《研究南汉史的学者吴兰修》，《广东史志·视窗》，2010年第6期，第77页。

进行了研究，将其定为良种，载入《广东荔枝志》，认为华城细核荔枝与增城著名良种挂绿为同类，适宜大面积种植。经鉴定：华城荔枝果核极小，果肉较厚，可食部分占全果的79%，且肉质脆而软滑，多汁而吃时不下滴，浓甜爽口，营养丰富，含可溶性固形物达21%，每一百毫克果汁含42毫克维生素C。现在东门村一带还有几十株成片的三百多年树龄的古老荔枝树。

益塘水库荔枝基地是五华县利用水库水体环境发展该县优质荔枝生产的成功典范。该基地的荔枝以优质黑叶为主，果实肉多、核较小，色泽鲜红，爽脆可口，味甜带香，另外还种植有五华细核荔枝、糯米糍、桂味、妃子笑、淮枝等优良品种；还建有酒厂一间，生产具有滋补功能的荔枝酒。

第八节　杨桃

在梅州市政府对面的街道闲逛，会发现有不少小巷子是以"杨桃"命名的，例如"杨桃树下一巷""杨桃树下二巷""杨桃树下三巷"。由此可以管窥杨桃在客都饮食文化生活中的重要性。

杨桃适合生长在高温湿润的热带亚热带气候区，喜欢湿润腐熟的沙性土壤，因此在梅州各地的沿河地带都有出产。就生产历史和出产品质而言，梅江区三角镇梅塘村的杨桃最为有名。梅塘村的杨桃种植有120多年的历史。梅塘村地处梅江沿岸，沿江肥沃的滩涂孕育了甜润可口的杨桃。每逢收获季节，杨桃树下，清新的河风徐徐吹过，人们闻着杨桃淡淡的果香，品尝着杨桃的清爽和香甜，顿时暑气全无，杨桃不愧是人们夏季开胃、消暑、解热、止咳的必选岭南佳果。现在，在地方政府的支持下，当地的种植户成功嫁接了马来西亚的良种杨桃，进一步扩大了杨桃的种植规模，为村民创造了良好的经济效益。

据宋德剑老师的研究，杨桃果汁能促进食欲，有助于消化，有滋养、保健功能，对于疟虫有抗生作用，还有治疗皮肤病的功效。但是杨桃鲜果性稍寒，多食易致脾胃湿寒，便溏泄泻，有碍食欲及消化吸收。

杨桃是梅州人馈赠亲朋好友的佳品，也是咖啡馆、酒楼饭店夏季果盘的必备水果之一。杨桃竖切后得到一枚枚五角星形的切片，象征福星高照，广受欢迎。

第九节　脐橙

如果金柚代表梅县的话，那么，脐橙代表的就是平远。梅县古称"程乡"，平远今曰"橙乡"，顾名思义，平远以脐橙闻名广东，就像赣州以脐橙闻名江西一样。

脐橙的原产国是美国。平远脐橙的种植，始于 20 世纪 80 年代中叶。最先引种脐橙的是位于闽粤赣三省通衢处的古县城仁居镇。当时有部分居民零星试种了若干华盛顿脐橙，自给自足，自产自销，没有形成产业。

1996 年以后，北部乡镇开始大面积推广种植粒大饱满、鲜甜多汁的纽荷尔脐橙（Newhall navel orange），大获成功。后几经改良和检验，纽荷尔脐橙成功在平远实现在地化，成为平远脐橙的主栽品种。

2005 年，平远举办首届脐橙文化旅游节。截至 2020 年，平远已成功举办了十六届。尤其值得一提的是，2008 年 12 月，"广东橙乡·脐橙拼图——挑战吉尼斯世界纪录"活动在平远中学顺利举行，一共有 1 480 人参与了拼图，使用脐橙超过 37 万个，此举让平远脐橙水果拼图打破吉尼斯世界纪录，成为广东省首个水果拼图吉尼斯世界纪录，这也是梅州市创下的首个吉尼斯世界纪录。

经过数十年的发展，平远脐橙不仅通过了国家无公害产品认证、成为中国国家地理标志产品，还敢于和美国本家的橙子媲美，赢得了众多消费者的青睐，广受好评。据营养学家介绍，平远脐橙富含大量维生素 C 和胡萝卜素，食之可降低胆固醇，系优质的绿色食品，其成功入选 2020 年第一批全国名特优新农产品名录。

顺带一提，平远脐橙声名鹊起之际，曾一度被更名为"慈橙"。但这个名字的出现宛如昙花一现，没有被大多数人接受，也就没有流传下来。不过在客家话中，倒是有一个与"橙"有关的特色词语叫做"硬橙"，意思是强劲、厉害，如"佢做生理怪硬橙"（他很会做生意）。"硬橙"的本字为"硬铛"，意思是实力强大、铛光瓦亮、光彩耀人。笔者曾建议生产、销售平远脐橙的朋友在产品包装上使用"硬橙"一词，这个建议得到采纳，消费者的反馈也十分好，认为这样彰显了客家特色。

第十节　牛眼

"龙"集马首、鹿角、牛眼、蛇身、鱼鳞、鹰爪、狮尾等各种动物的精华部分于一身，是中华民族的图腾。你说梅州人实在也好、讲究也罢，一律称龙眼为"牛眼"（因龙眼小巧可爱而称，在口语中多儿化作"牛眼儿"），而不称"桂圆"或"三尺农味"。梅州市政府的官方资料显示，梅州龙眼的主要产地为兴宁市的龙田、龙北、宁塘、宁新等乡镇，主要品种有石硖、古山二号以及福眼等。

清代植物学家赵古农在其代表作《龙眼谱》中说："粤之龙眼，当以十叶为第一，十叶之名，俗讹作石硖，石与十音类，硖与叶音似。其实此种名十叶，盖凡龙眼叶或七片、八片一桠不等，而此则一桠十叶，故因以别其种也。"地处粤东北山区的梅州所产龙眼也是以赵古农所说的"十叶"为主，亦即石硖龙眼（原产自佛山南海平洲），英语称龙眼为 longan，正是源于广府话"龙眼"的发音。

龙眼具有极高的药用和经济价值，有补益心脾、养血安神等食效，入药可治气血不足、失眠心悸等病症，可缓解中老年高血压、高血脂和冠心病等疾病的症状。

第十一节　弓蕉

香蕉，客家话、潮汕话统称为"弓蕉"，因为香蕉的外形是弯曲的，长得像一把弓一样。蕉在梅州还可以进一步细分为香蕉、大蕉和米蕉。

客家话的"香蕉"，指的是那些从菲律宾等东南亚国家和地区进口的、香气扑鼻的蕉。这种蕉色泽金黄、味道甜美，深受年轻人的喜欢，但容易遭老年人嫌弃——倒不是因为它的糖分比较高，而是老一辈的梅州人都坚定地认为香蕉都是用药水浸泡过的，吃多了对健康不利。顺带一提，客家地区流行一种叫做仙人粄的消暑食品，吃的时候少不了"香蕉露"。香蕉露是一种糖浆，闻起来就像香蕉一样。

大蕉和米蕉都是本地产的，从外观上看，颜值明显没有香蕉高。其中大蕉外形比较肥硕，口感酸甜，不便吞食，但是它健康，特别是对便秘有一定的效果。

米蕉，也有人称其皇帝蕉，看起来小巧玲珑，吃起来味道也很甜。"米蕉"的"米"，笔者认为其本字当为"微"。"微"在客家话中的发音和"米"差不多，保留的是古音，"微"就是"小"的意思。顺带一提，近年来受普通话的影响，不少人把"微"误读成"威"，如把"微信"念成"威信"（正确发音应该是"迷信"）。

就像花有花语一样，水果也是有"果语"的。在客家地区，探望病人时切忌带上蕉，不管是香蕉、大蕉还是米蕉都不行。倒不是因为蕉的价格相对低廉，而是因为它的寓意不太吉利。"蕉"是"焦"的孳乳字，"焦"代表着焦灼、忧虑，容易令人联想到"焦焦喷喷"（事物进展遇到诸多不顺，引发焦虑的意思）。

第八章　厨具食器

第一节　镬头

熟知日本文化的读者肯定知道，日文中存在大量的、在中文中极少使用甚至没有的，或者有也意思不尽相同的鱼字旁的汉字。例如：鮨、鮪、鰺、鮟、鰊、鮋、鰯、鮴、鰹、鰤……凡此种种，不胜枚举。

这是因为，日本海产丰富，鱼的种类很多。日本人很喜欢吃鱼，所以才要对鱼的种类或吃法如此细分。在现代中国人的认知里，鱼和鸡、鸭一样，均属于肉类食品。但是日本人依然保留着古代中国的观点，即普遍认为鱼就是鱼、肉就是肉，吃鱼和吃肉是两码事。

反之，也有大量鸟字旁的汉字始终未进入日语的"当用汉字"字库里。例如：鷞、鸻、鸹、鸸、鷓、鸘、鸷、鹇、鹣、鹬……这是因为，古代中国山多林密，鸟的种类很多，而且和老百姓的日常生活关系密切。更为重要的是，古代中国人非常喜爱吃鸟——现在说到吃鸟，可能读者马上联想到的就是吃野味，但实际人们吃的鸟中也包括家禽，例如日语便将"鸡"训读为"庭鸟（にわとり）"，"烧鸡"叫做"烧鸟"。而且，吃鸟在古代是一件再正常不过的事，鸟肉可以说是古人最重要的肉食来源之一。

从哪里可以看出古人喜欢吃鸟呢？从厨具的名称便可管窥一二。秦代《吕氏春秋·察今》里有这么一句话："尝一脔肉，而知一镬之味，一鼎之调。"这里的"镬"和"鼎"指的都是锅。

宋代，伴随铁锅的发明，中华民族的烹饪技艺发展到了一个崭新的阶段。宋人管炒菜的铁锅叫"镬"，管煲汤熬粥的砂锅叫"釜"。"釜"这个字，实为"煲"的本字，客家话的读音就是 bō（文读为轻唇音的 fǔ）。值得强调的是，宋代对锅的这种划分及命名，在客家话和广府话中均得到了完好的继承。

在众多厨具中，最能代表中华饮食文化的非"镬"莫属。这也是为何"镬"能够直接以音译的形式被吸收进英语词汇表的主要原因（英语称锅为 wok，直接借自粤语，实则来自中古汉语）。

笔者在前著《客家话概说》中说过，每一个汉字都是一幅图画，"镬"字当然也不例外。它为我们描述了这样一个场景：一位厨师正一边手持铁锅，一边往里面放鸟（泛指禽类）放菜。从文字学的角度解释，"镬"字可拆分为"金""草""佳""又"四个部件。其中，"金"代表金属，表示锅本身的材质；"草"代表配菜；"佳"即"鸟"，表示主食材；"又"即"手"，表示手持。

客家话在古汉语的基础上，发展出了"头"这个词缀，称炒锅为"镬头"。那么，这个"头"该作何解释呢？

我们知道，古代的锅一开始是有脚的，谓之"鼎"，正所谓"三足鼎立"，"鼎"的说法为闽南人和潮汕人所继承。无足之"鼎"，乃称为"镬"，见《周礼·天官》："亨人掌共鼎镬，以给水火之齐。"客家人之所以给"镬"加个"头"，是因为吃饭乃人生头等大事（头即首。事实上，在客家话中，凡是以"头"收尾的名词，都是在生产生活中占据最重要地位的物件）。

饭从何处来？从地里来。因而最重要的农具——锄头也要加个"头"字，叫做"脚头"。"脚头"的"脚"是个假借字，其本字为"钁"，这也是个古语词，出自《淮南子·精神训》："今夫舐者揭钁舌，负笼土，盐汗交流，喘息薄喉。"顺带一提，客家话形容随时可以结束、回去继续干活的搭讪聊天方式叫做"搭钁头"。

此外，"头"在客家话中同样可以用在人的身上。比如，宗族中负责理事的、有一定声望地位的老年男性，客家话叫做"叔公头"。混混的头目叫做"烂仔头"。"头"在客家话中还可以用于表示主观感受或者印象，比如对一个其貌不扬的人，可以说他"无看头"；不能让人产生食欲的饭菜，可以说它"无味头"或"无食头"。

第二节　碗公与勺嫲

客家有个俗语："碗公装姜嫲，刀嫲迟鸡公（大碗装姜，菜刀杀公鸡）。"在客家话中，存在好些个类似于"碗公""刀嫲"这样带有"性别"的特色词汇。以厨具为例，还有"糟嫲"（酒糟）、"勺嫲"（瓢）等有性名词。

所谓有性名词，指的是以"公""嫲"等表示生物性征的单词为词尾

的词组，如猫不论雌雄，一律统称为"猫公"；瓢并无生命，却一概称为
"勺嫲"。从广义上说，有性名词既包括生物性征（sex）词（本书称之为
"Ⅰ类有性名词"），也包括社会性征（gender）词（本书称之为"Ⅱ类有
性名词"）。在不熟悉客家社会背景和历史文化的情况下，仅凭声音或文
字，很难准确判断一个有性名词究竟是属于Ⅰ类还是Ⅱ类。例如，"鸡公"
和"虾公"都是客家饮食中的重要食材，但前者指的是公鸡，属于Ⅰ类有
性名词；后者泛指虾类，不分生物性别，属于Ⅱ类有性名词。

　　不论Ⅰ类还是Ⅱ类有性名词，都可以进一步划分为"男性词（mascu-
line noun）"和"女性词（feminine noun）"两大类。"男性词"指的是以
"公""伯""哥""牯"等表示男性/雄性的单词为词尾的词组，"女性词"
指的是以"嫲""婆""妈""姑"等表示女性/雌性的单词为词尾的词组。

　　需要指出的是，Ⅰ类有性名词普遍存在于汉语方言之中，只是各自的
词序或词尾略有不同而已，如"公鸡"客家话叫做"鸡公"，潮汕话叫做
"鸡翁"。Ⅱ类有性名词虽非客家话独有（如广府话称鼻子为"鼻哥"，北
方方言称七星瓢虫为"花大姐"），但因客家话的Ⅱ类有性名词数量相对丰
富，很早就引起了学者的关注。早在清代，《石窟一征》便载：

　　耳曰耳公。鼻曰鼻公。舌曰舌嫲。乳曰乳姑。按一体之中，强分男
女，殊不可解。疑现于外者为阳，故属男子之称；隐于内者为阴，故属妇
人之称。耳鼻两物，当阳者也，故以公称之。舌虽在首，然藏于华池之
内，且有津液，自应属妇人之称，又以其偶尔露，故称为嫲。嫲，中年以
上之妇人也。乳虽有突起之势，然深藏腹室，如小姑之处幽闺，人莫能窃
见。此其所为姑也。至于眼口乃界于不藏不露之间，难以阴阳专属，自脐
以下无讥焉。[①]

　　温昌衍对Ⅱ类有性名词的解释是"同类中的粗大者""用于身体部位
或器具，'公''牯'表'突出''外突'义，'嫲'表'内藏不外露'
'凹下'义""用于小动物，不指性别，'公'表'可爱'义，'嫲'表
'厌恶'义""'嫲'还可以用在指女性的词中，表示一种贬义"。[②] 黄婷婷
的解释是"指称动物，无关性别""泛化为指无生命的物体，有时表示

　　① （清）黄香铁著，广东省蕉岭县地方志编纂委员会点注：《石窟一征（卷七·方言）》，梅
州：广东省蕉岭县地方志编纂委员会，2007年，第227页。
　　② 温昌衍：《客家方言》，广州：华南理工大学出版社，2006年，第172-173页。

'大'的意思"。①

我们先来讨论一下客家话Ⅱ类有性名词中的男性词，其可细分为"公""伯""哥""牯"四类，其中属于"公"类的有：

身体：鼻公（鼻子）、耳公（耳朵）、手指公（大拇指）、脚趾公（大脚趾）

物件：碗公（较大、较深的饭碗）、人伯公（人偶）

动物：猫公（猫）、虾公（虾）、蟮公（蚯蚓）、蚁公（蚂蚁）

现象：雷公（雷声）

"公"在传统文化的语境下主要有以下两种含义：

（1）代表爵位、官阶或宗族中地位最高的人。见《孟子·万章下》："天子一位，公一位，侯一位，伯一位，子、男同一位，凡五等也。"又见《汉书·百官公卿表》："太师、太傅、太保，是为三公。"客家话的例子有：客家人称"祭祖"为"敬祖公"；称宗族中威望最高的长辈为"叔公头"。

（2）表示对成年男子的美称、敬称。古代的例子有"项庄舞剑，意在沛公"——"沛公"即后来的汉高祖刘邦。又比如，民间多称关羽、朱仝（《三国演义》《水浒传》中的知名人物）为"美髯公"。客家社会的例子有：孙辈称祖父为"阿公"；姻亲家长之间以"公"敬称，如张李联婚，张家父母必称李父为"李公"，反之则为"张公"。"公"表示对人的敬称时，只能用在姓氏后面。

要之，"公"象征着男权。所以，"鼻子"叫"鼻公"，见"仰人鼻息""开山鼻祖""鼻垩挥斤"等成语；"耳朵"叫"耳公"，见"执牛耳""耳提面命""俯首帖耳"等成语；"大拇指"叫"手指公"，"大脚趾"叫"脚趾公"，因为公者为大，大者为尊。大而尊者声音洪亮，令人闻之生畏，所以"雷声"叫做"雷公"，见"雷霆万钧""如雷贯耳""雷厉风行"等成语。

再从客家传统的家庭、社会分工来看，"男主外，女主内"是普遍现象。蚯蚓，客家话保留古语称为"蟮"（《洪武正韵》："蚯蚓，吴楚呼为寒蟮"）。蟮整日在泥土中活动，帮助松土、施肥，有益于农业生产。它所代表的文化内涵，与汉字"男"字的本意（"田"里出"力"的人）或者

---

① 黄婷婷：《客家与客家方言》，广州：暨南大学出版社，2019年，第173-174页。

说农业时代男性的社会性征不谋而合，所以加个"公"字，称为"**蠦公**"。类似的还有蚂蚁，精诚团结，集体在外拼搏觅食、搬运食物回到住处，与男人"主外"——在外辛勤劳作养家糊口的社会分工相契合。所以，尽管蚂蚁个头微小，也属于"公"类，谓之"蚁公"。

农耕时代，男子外出劳作归来，无需参与家务事，直接等吃现成的就行，而且要用最大的碗，以显尊贵。所以，较深的饭碗或者说男主人的碗叫"碗公"（普通的、较浅的碗客家话叫"碗儿"）。客家地区流行这样一句谚语，形容好吃懒做之人——"做细就懒动，食饭就食大碗公"（干活就偷懒，吃饭就用最大的碗），这原本是客家妇女用来抱怨丈夫不做家务又吃得最多的牢骚话。可以说，"外勤内懒"是过去客家男性留给世人的深刻印象。

"人伯公"是"伯公"的衍生词，指人偶。"伯公"是客家地区最流行的民间信仰之一，除部分无形无貌的"伯公"外，大多数都以小人儿的形象出现，如或泥塑或陶瓷制作的"塘唇伯公""土地伯公"等。"人伯公"的原意是供奉在伯公庙里的人偶，起初并没有玩偶的意思。传统社会能够被供奉起来的伯公几乎都是"男神"，所以客家话今称玩偶为"人伯公"。

在各种家禽家畜中，能与懒散画上等号的非猫莫属。时至今日，各地方言中都有类似"大懒猫""累成狗"这样的说法，但绝不会反过来说"大懒狗""累成猫"。旧时，家庭养猫主要是为了驱赶老鼠，然猫捉老鼠更多是为了消遣游戏而不是为了充饥果腹。猫捉老鼠的态度，与男人对待家务活的态度颇有几分神似，高兴就干、不高兴就不干。加之家猫不论雌雄，皆长着胡须，还不时"偷腥"，留给人的整体印象与男性高度一致，故而归为"公"类，统称"猫公"。

与猫相类似的是虾。以往的客家人多依山傍河而居，所接触的虾类通常都是河虾。从外观上看，河虾老态龙钟，"胡须"比家猫的还要长，具有若干老年男性的生理及精神特征。梅县人称悠闲自得的老年男性为"捋须阿公"，"捋须阿公"容易打瞌睡，而打瞌睡客家话正是"钓虾公"。顺带一提，"韭菜炒虾公"是梅州客家知名的一道下酒小菜，别有一番风味。

接下来讨论一下"伯"类的男性词。客家话的Ⅱ类有性名词男性词中属于"伯"类的只有一个，就是"纸伯"，指的是瓦楞纸等比较厚重的、可以掰扯开的纸皮。在日常口语中，"纸伯"一般都会儿化[1]作"纸伯

107

---

[1]　客家话的"儿"化字读作 [ɛ]，与西宁话的相同。但不太一样的是，儿化以后，"儿"字的音值有可能会变为 [e]，且会受到前一个字的韵尾发音的影响。

儿"。"纸伯儿"可以掰开，故"伯"可理解为假借字，其本字为"擘"（同时也是"掰"的本字，见《广韵》："分擘也"），客家话发音同"伯"。从另一个角度看，"纸伯儿"比一般的纸厚重，价格更贵，以"伯"字表示更能反映男性的社会性征。

梅县人素有称呼母亲为"阿伯"的习惯，除了民间信仰层面的原因（如为了避免属相相冲等）外，也出于表示敬重、刻意保持距离的考量。我们知道，古人大都选择聚族而居，"伯"在大家庭中的地位是非常高的。现在梅县人之间发生激烈争吵时，还时常听见一句指责对方妄自尊大、自以为是的话，叫做"汝莫伯母一样"。言外之意，"伯母"之于家庭，犹如皇后之于后宫，由此可窥"伯"地位之尊贵。

到此我们来讨论一下"哥"类男性词。客家话的Ⅱ类有性名词男性词中属于"哥"类的有：

动物：虫哥（蝶的幼虫）、蛇哥（蛇）、滑哥（塘鲺）、猴哥（猴子）
现象：卤哥（铁锈）

"哥"在传统文化的语境下主要表示兄长。见唐代白居易《祭浮梁大兄文》："再拜跪，奠大哥于座前。"传统社会有"长兄为父"之说，故"哥"在古代特别是唐代也有"父亲"的意思，见《旧唐书·王琚传》："玄宗泣曰：'四哥仁孝，同气唯有太平。'"客家社会的例子有：称陌生的年轻男子为"阿哥儿"；不知天高地厚的年轻男子多自称"阿哥伯"，意思为"老子我"。

不难发现，蝴蝶的幼虫、蛇、塘鲺、猴子身上都具有若干青少年男性的特征。蝴蝶的幼虫可塑性强，破蛹成蝶，身体发育变化大；蛇、塘鲺、猴子反应迅疾、动作灵活，契合青少年男性的行为特征，所以统称为"哥"。顺带一提，在众多"哥"类名词中，作为传统重要食材的主要有"蛇哥"和"滑哥"，只不过，随着饮食观念的改变，现在吃的人越来越少了。

"哥"类词中最为特殊的一个是铁锈，客家话谓之"鲁哥"。有学者提出，"鲁"的本字为"黸"，其依据是《说文解字》："齐谓黑为黸。""铁锈"是"黸"的引申义。① 笔者对此持不同观点。首先，从语言层面来看，"铁锈"一词，客家话极少拆开来单独讲"鲁"，通常都是以双音节词的形

---

① 温昌衍：《客家方言特征词研究》，北京：商务印书馆，2012 年，第 49 页。

式出现，也就是说"哥"字不可或缺，见客家歇后语"刀嫲生'鲁'哥——铁（谐音'忒'）坏"。如果"鱸"是"鲁"的本字的话，那么"鲁哥"就成了"鱸哥"，也就是"黑哥"。这样一来，"哥"的含义就变得含糊不清了。

其次，从实物层面来看，严格说来，铁锈并非黑色，而是像卤汁一样的深褐色。除了铁锈外，人晒黑后肤色也跟浇上了卤汁差不多。所以"鲁"的本字应为"卤"。

最后，从历史层面来看，客家地区矿产丰富。近代以来，无论是在原乡抑或是在南洋，开矿、打铁一直都是客家男性最主要的谋生手段之一，至今客家话中还有用源于炼铁的"烙滚"一词来形容滚烫至极的说法。打铁是重体力活，非年轻男子（客家话称为"阿哥儿"）无法胜任。铁匠每日风吹日晒，面如卤色，这才是"卤哥"一词的由来。

顺带一提，"卤"也是当代客家饮食中的重要做法，卤卵（卤鸡蛋）、卤鸭皆是客家人逢年过节必不可少的菜肴，外皮的颜色，看起来就和"卤哥"一样。

现在来讨论一下"牯"类男性词。客家话的Ⅱ类有性名词男性词中属于"牯"类的有：

身体：拳头牯（拳头）
物件：石牯（拳头大小的石块）

"牯"的原意是某些特定的雄畜，如"公牛犊子"叫做"牛牯"，"公狗"叫做"狗牯"，"公猫"叫做"猫牯儿"。通常来说，块头不大或正处于成长发育期的雄畜才称为"牯"。在客家话中，"牯"引为对青少年男性的爱称，多以"阿M牯"的形式出现——M代表名字中的任意一个字或其在兄弟中的排序。假设有个叫"国强"的人，在家排行第二，那么他的父母兄长多称其为"阿强牯"或"阿二牯"，做姐姐的则多直呼其为"阿弟牯"，还可全都把"阿"字省略掉。

青少年血气方刚，容易冲动，好打拳弄棒，所以拳头叫做"拳头牯"，而拳头一般大小的硬石块叫做"石牯"。与前文讨论的"哥"相比，"牯"给人的语感更轻。

以上为男性词。那么，女性词是怎样的呢？

客家话Ⅱ类有性名词中的女性词可细分为"嫲""婆""妈""姑"四类，其中属于"嫲类"的有：

身体：舌嫲（舌头）、巴掌嫲（巴掌）

　　物件：勺嫲（瓢）、刀嫲（菜刀）、索嫲（绳子、纺线）、半公嫲（皮卡车）

　　动物：鲤嫲（鲤鱼）、虱嫲（虱子）

　　食物：姜嫲（生姜）、糟嫲（酒糟）

　　现象：鸡嫲皮（鸡皮疙瘩）

　　"嫲"，古同"嬷"，客家话中本指母亲，"妈妈"谓"阿嫲"。"嫲"用来通称女性时多含贬义，如"恶霸嫲"（泼妇）、"外江嫲"（外地的女人）。旧时在女性的名字后面加个"嫲"字，即可表示彼我之间的尊卑、主从关系。

　　反之，随意用"嫲"来称呼客家女性则显得非常冒犯。例如，假设有个名叫"香"的女性，称其为"阿香姊""阿香姨""香姨婆"可表示对长辈的尊重，同辈、朋友称其为"阿香"，称其为"阿香妹"可表示晚辈的亲切，称其为"阿香嫲"则表示对她的轻贱。

　　值得留意的是，"嫲"在表示轻贱时，只能用在名字后面，不能用在姓氏后面，因为过去姓氏属于男权的范畴。这与用"公"表示敬称时只能用在姓氏后面而不能用在名字后面形成鲜明的对比。

　　再从客家传统的家庭、社会分工来看，"男主外，女主内"是普遍现象。民间用"四头四尾"高度概括客家妇女的传统美德及其对家庭的重要贡献，分别是"灶头镬尾""针头线尾""田头地尾""家头教尾"。

　　"头"和"尾"在这里指的是"有头有尾"，"四头四尾"是指勤劳能干的客家妇女把厨房、家务、育儿、女红、种菜等工作都做得非常出色。需要解释的是，"田头地尾"原本只是指房屋附近的菜地（客家话叫"地坼"），多由客家妇女负责栽种。19世纪60年代汕头开埠以后，客家男性纷纷下南洋谋生，田地里的活儿逐渐由妇女接手。也就是说，从历史的角度看，传统社会客家地区的主流文化同样是"男耕女织""男读女工"。

　　"四头四尾"中客家妇女最突出的贡献就是"灶头镬尾"。与家居烹饪、饮食相关的名词，大都女性化为"嫲类"词。所以"瓢"叫"勺嫲"，"菜刀"叫"刀嫲"。客家饮食讲求质朴天然，多用姜丝、酒糟做配料，所以"生姜"叫"姜嫲"，"酒糟"叫"糟嫲"。饭菜做好之后端上桌之前，得先品尝一下咸淡是否合适，味道是否可口，所以"舌头"叫"舌嫲"；另外，妇女相对话比较多，这也是舌头女性化为"舌嫲"的重要原因。

　　客家妇女擅长"针头线尾"，所以"绳子""纺线"叫"索嫲"。

　　巴掌之于拳头，好比柔软的女子之于阳刚的男性，所以"巴掌"叫"巴掌嫲"，"拳头"叫"拳头牯"。此外，女人感性，容易感动、惊惧，所以"鸡皮疙瘩"叫"鸡嫲皮"。

　　传统观念认为，女人养于闺中，是封闭的，见"闺蜜""黄花闺女"等词；男人闯荡天下，是开放的，见"公开""开诚布公"等词。所以半开半闭的皮卡车客家话叫"半公嫲"。

　　接下来讨论一下"婆"类的女性词。客家话的Ⅱ类有性名词女性词中属于"婆"类的有：

动物：蝠婆（蝙蝠）、鹞婆（鹞鹰）

　　"婆"的基本含义是对老年妇女的称呼，如客家话称"祖母"为"阿婆"，称"外祖母"为"姐婆"或"外阿婆"。

　　"蝠"在客家话中有文白两读，文读 fŭk，白读 pèt，在"蝠婆"一词中采用白读。在客家人看来，蝙蝠和鹞鹰这两种常见的飞禽走兽都栖息在阴森之处，婆娑于空中，面相显老，故属于"婆"类。有趣的是，"风筝"客家话谓之"纸鹞儿"而不是"纸鹞婆"。究其因，可能风筝是在天气晴好的日子放出去的，需要"抛头露面"，与女性的社会文化性征的"阴""内藏"不符。所以，尽管以"鹞婆"作为喻体，风筝仍需要把"婆"字去掉。

　　再来讨论一下"妈"类的女性词。客家话的Ⅱ类有性名词女性词中属于"妈类"的只有一个，就是经常出现在客家山歌歌词中的"咀妈"，指的是"嘴巴"。不过，这里的嘴巴，不是指嘴唇，而是指"嘴巴甜"的"嘴巴"，意为主动说话、哄人开心的能力。在客家话中，"嘴"叫做 zòi——其本字是哪个本书不予论述，且以坊间最流行的"咀"来书写；"妈"指的是"母亲"。"嘴巴甜"客家话叫做"咀妈乖"，这与为人母亲者乐于表达、善于哄小孩的性征不无关系。

　　最后讨论一下"姑"类的女性词。客家话的Ⅱ类有性名词女性词中属于"姑类"的也只有一个，就是"乳房"，叫做"乳姑"。"姑"在古代多指丈夫之母，即婆婆，见《左传·昭公二十六年》："夫和妻柔，姑慈妇听，礼也。""姑"也可以用来指代岳母，见《礼记·坊记》："昏礼，婿亲迎，见于舅姑。"在现代日语中，"姑"字训读为"しゅうとめ"，意思就是"丈夫/妻子的母亲"。"姑"在古代作为动词时所表示的正是吮吸、咂食的意思，见《孟子·滕文公上》："狐狸食之，蝇蚋姑嘬之。"母亲哺乳，乳房内藏不外露，所以乳房成为女性词，谓之"乳姑"。至今，梅县松源一带的客家方言仍有呼母亲为"乳头"或"姑头"者。

顺带一提，"胡须"客家话谓之 xī gū，对应的汉字当为"须菰"而非"须姑"。"菰"即茭白，广泛分布于客家地区。因而，"须菰"是个比喻性的说法，并非有性名词。但因为"菰""姑"同音的缘故，还是经常引起误会。

粗略统计，客家话的Ⅱ类有性名词总数约 32 个，其中男性词约 18 个，女性词约 14 个，"男"多"女"少。客家话的Ⅱ类有性名词不仅有"公"和"嫲"的区别，还分别有"伯""哥""牯"和"婆""妈""姑"等下一级的分类，且与男女各年龄段的生理特点、社会分工及家庭地位密切相关。Ⅱ类有性名词中男性词与女性词之间明显呈现出"男尊女卑""男强女弱""男外女内""男主女从"等二元对立的特色。

到此引出两个值得我们进一步探讨的问题：

（1）Ⅱ类有性名词产生或者说普通名词性别化的条件是什么？

笔者认为，某类物品或工具男性/女性使用得多了，社会自然就会认为它是属于男性/女性的专属物，比如人类社会普遍认为刀、枪、棍、棒是男性用品，胭脂、口红、针线是女性用品。这些事物在不同经济发展水平、不同文化背景的地域，人们有着不一样的理解及社会接受程度。因而，"频繁接触"首先是Ⅱ类有性名词产生或者说普通名词性别化的必要条件。如果接触的频率、民众熟悉的程度不高，就不会有Ⅱ类有性名词的产生。

此外，名词本身的"生物及社会性征明显"也是Ⅱ类有性名词产生的必要条件。事物如果本身的性征贫乏，就很难发展成为Ⅱ类有性名词。例如，筷子是男女老幼同用的餐具，大小均一，不同材质的筷子只有区分阶层、族群的功能，不具备男性或女性的社会性征，所以未发展成Ⅱ类有性名词。这点早在清代黄香铁解释"鼻公""耳公"等词时就已经说得非常明白了，详见前文。

（2）Ⅱ类有性名词未能进一步发展的原因何在？

从历史背景来说，客家话的Ⅱ类有性名词集中产生于社会相对安定的封建农耕时代，具体时间段应该是在清康熙"复界"完成以后到鸦片战争爆发的 150 多年间，当时的社会常识是"男尊女卑""男外女内"。女性完全没有接受学校教育的机会，经济上完全依附于男性，社会经济发展极为缓慢，上至朝廷官僚，下至庶民百姓，几乎全都依靠农业生产过活，无时不在强调"国以农为本，民以食为天"。

第二次鸦片战争以后，由于西方殖民主义的进一步入侵和基督教思想的不断渗透，嘉应州出现了新一轮的人口迁移，青壮年男性为谋求更好的出路，纷纷远下南洋，成为历史上最早的一批农民工。从此，田地交给女人耕种，"男耕女织""男外女内"的传统格局被打破了。也就是从这时开始，客家妇女才多了"田头地尾"的美誉。

客家女性接受教育，逐步走向社会，实现经济独立，是客家话Ⅱ类有性名词停止发展的关键因素。特别是中华人民共和国成立以后，伴随妇女解放运动的兴起，女性的社会地位大幅度提升。男女的社会分工、家庭分工不再泾渭分明，男女平等的思想深入人心，Ⅱ类有性名词产生的条件基本丧失殆尽。改革开放以后，社会经济发展日新月异，新鲜事物、概念层出不穷，Ⅱ类有性名词产生的可能性越来越小，除了"半公嫲"（皮卡车）外，其他Ⅱ类有性名词基本上都是清代就已经出现了的。

总而言之，进入20世纪以后，客家话几乎不再有新的Ⅱ类有性名词出现，传统的Ⅱ类有性名词依然在口语中得到完好继承，数量虽然不是很多，但它们的存在，为我们了解客家地区的历史、男女的社会分工、地位的异同提供了宝贵的线索，值得进一步研究。

113

第三节　筷隻和箸

筷子在客家地区主要流行两种说法：一种是唐宋时期的"箸"，另一种是明清时期的"筷"。还有个别地方将二者合一，谓之"筷箸""箸隻"或"筷隻"。

说"箸"的，主要是丰顺、大埔等旧属潮州府的县份；说"筷"的，主要是梅县、平远等旧属嘉应州的县份。当然，这都是相对而言的，具体到各个乡镇、村落，比如大埔县有的地方也说"筷"不说"箸"，梅县区有的地方也不说"筷"而说"箸"。

说"箸"的丰顺、大埔等地的客家方言，大体是受到潮汕话的影响，"箸"就是"箸"，纯粹的单音节词，不带任何后缀。不同的是，潮汕话"箸"字的发音，保留"古无舌上音"的特点，依旧是舌头音的声母；而客家话的"箸"，声母已然变为舌上音，和"住"字谐音了。

说"筷"的梅县、蕉岭等地的客家方言，大体是受到北方话的影响，一概双音节化，多以"子"作为后缀。例如，平远话的"筷子"简直就是普通话的"筷子";梅县人则不说"筷子",说"筷儿"或"筷隻"多些。

前文提到,"箸"在语音演变的过程中,变成了"住"字的谐音字,这是它更名的关键原因。根据明代陆容《菽园杂记》的记载,"筷"实际是"箸"的讳称,其本字为"快"——正所谓"舟行讳住、讳翻,以箸为快儿,幡布为抹布"。

从史料来看,明代以前并无"筷"这样的说法——日语用"箸"表示筷子也算是一个佐证吧(训读:はし)。也就是说,"筷"是来自明朝船家的讳称,说"筷"是因为他们害怕在船上住宿、过夜——明代海盗猖獗、倭寇肆虐。以当时的社会环境来看,在船上"住"即意味着生命财产安全将受到严重的威胁。即便没有匪患,海啸、鲨鱼等来自自然界的威胁也同样令人担忧,所以航行出海最好选择在日间快去快回。

"筷"的说法在清雍正以后逐渐突破行业界限,在民间流行开来(《康熙字典》未收"筷"字,也没有赋予"快"字表示"箸"的含义),从北到南传播到了嘉应州。嘉应虽属内陆山区,但也有不少疍民和汉人靠行船打鱼为生,加上受到官话的影响,遂改称"箸"为"筷"。同样地,吃鱼时忌说"翻转来食",而要说"顺转来食",以期一帆风顺。

有趣的是,"筷"融入梅县话之后,多了另外一层含义。因为"落""乐"二字在梅县话中同音,梅县人吃饭时筷子不慎掉落在地上,便可视为"快乐"(筷落)。旧时生活条件艰苦,最大的乐事无非就是有人请吃饭了,梅县人会将其视为"有人请"的征兆。

客家人对筷子的使用也有众多讲究,例如不能将筷子直插到盛满米饭的碗中,吃完饭后要把筷子横放,和自身保持同一条水平线。又,女孩子使用筷子时不能拿得太高(用客家话说就是"使筷隻毋做得使忒尾"),否则将来会远嫁他乡,生活难保障。

余　论

　　客家菜既是客家文化最直观、最实在的重要载体，也是客属地区自然与人文环境相互交融的产物。现如今提起具体的客家菜，很多人马上浮现在脑海中的便是"盐焗鸡""酿豆腐""梅菜扣肉"等家常菜。也就是说，"形粗量大""咸烧肥香熟""经济实惠"等是大多数人对客家菜的刻板印象。一言以蔽之，中低端大众菜品过剩、高端特色菜品匮乏，是当今客家菜发展所面临的一个困境。

　　有人说，高端化以后必然带来口感和价格的变化，那样一来就不是客家菜了。对此，笔者想反问一句，难道"粗制""低廉"就非得是客家菜的全部内容或者说专利了吗？倘若这样，那就让客家菜永远停留在"农家乐"的层次，不必谈什么"客家菜师傅"工程建设，更不要讲什么饮食文化好了，可乎？

　　"文化"（culture）一词，经由日本自西方传来久矣。在西文中，culture本是"栽培""耕种"的意思，所以"农业"英文叫做 agriculture。"文化"是和"自然""本性"（nature）相对的概念，也就是说，"改变自然、超越本性"是"文化"最本真的定义。客家菜的当务之急，就是要放下成见、开放边界、超越传统、完善本性、与时俱进。

　　我们知道，梅州的客家人长期以来大都居住在"无植产"[①]、经济欠发达、医疗卫生条件落后、交通不便的山区。传统的客家菜，无一不是当时环境的投射，属于农耕文化、山岳文化的产物。

　　因为无植产，所以没有什么特别的食材，但有河鲜山味；因为贫困，所以吃得杂，连禽畜的皮、内脏乃至骨头都不肯轻易扔掉；因为要从事重体力劳动，所以吃得特别咸，腌制食品和主食格外多；因为医疗条件欠缺，所以寓医于食、防病于未然，工于药膳汤；因为交通不便，只能就地取材，靠山吃山。

　　时至今日，人类社会已经进入后工业化的信息时代，客家地区的环境

---

　　① 出自南宋王象之《舆地纪胜》："方渐知梅州，尝谓'梅人无植产，恃以为生者，读书一事耳'。"

也与从前大不相同，但人们的口味似乎很难改变，不少客家人依然喜欢山珍野味，中意大快朵颐"形粗量大""咸烧肥香熟"的肉菜。可是，吃山珍野味非但要冒违法犯罪的风险，而且还有损害健康之虞。现代人又普遍缺乏锻炼，大量进食高热量、多脂多糖的食品必然导致身体失衡……

长期以来，客家人给外界的一个印象是：比较忽略省籍认同、格外重视中原正统。这点，无论从客家的人口分布还是客家地区流行的民间传说均可得到印证。

以民间传说为例，"酿豆腐"可谓客家菜的代表之作。民间对其由来的解释不论版本如何，几乎都在强调其与古代中原的历史渊源，即客家先民南迁之后，非常思念北方的饺子，无奈南方没有面粉，于是只好就地取材，用酿豆腐代替饺子，以解乡愁。

实际上，如本书第一章第一节所介绍的那样，"酿"作为一种烹饪手法，古已有之，它本是杂合的意思。从文字学的角度解释，"釀"（酿）和"讓"（让）皆以"襄"为声旁，本是一对谐音字。"酿"与"让"在客家方言中不仅发音完全一样，其文化内涵也是相通的，即荤素各让一步，俾使相得益彰、美美与共。要之，"酿"是"镶"而不是"包"，豆腐馅儿不会像饺子馅儿一样被完全包裹起来。因而，酿豆腐与饺子的文化旨趣是截然不同的。再从外观、吃法来看，酿豆腐都与饺子相去甚远。尽管如此，"酿豆腐是中原汉人南迁后替代饺子的发明"的观点在民间依然根深蒂固，并借由各类媒体的不断宣扬，传播甚广。非唯酿豆腐，但凡有点名气的客家菜品，其背后至少都有一两则与中原历史人物相关的民间故事。可以说，"根在中原"是客家族群的核心信念之一。

在这当中，客家菜和客家话一样，被客家人视为集中反映客家文化与中原历史渊源的重要阵地。然而，相比语言，客家菜的处境似乎显得有点尴尬。客家话不仅是公认的"十大汉语方言"之一，还是唯一一种没有省籍束缚的方言，客家人引以为傲。客家话相关问题特别是其较丰富的存古现象（诸如保留"古无轻唇音""古无舌上音"和完整的入声韵尾，以及大量的古语词和文言句式等特点），在过去的一二百年来令无数海内外学者痴迷，20世纪著名的语言学家、教育家罗常培先生甚至在《语言与文化》中断言："如果有人把客家问题彻底地研究清楚，那么，关于一部分中国民族迁徙的途径和语言演变的历程，就可以认识了多一半。"

反观客家菜，从全国范围来看，知者甚少。如前所述，客家人不断强调其文化"根在中原"，这给外人以一种客家菜也不受地域约束，包罗万象、自由奔放的错觉。与此同时，客家菜又以依附粤菜为荣，自我定义为粤菜的一个分支。从 2018 年 8 月广东省人力资源和社会保障厅印发的《广东省"粤菜师傅"工程实施方案》来看，官方亦认可客家菜属于粤菜。由此可见，"客家菜属于粤菜"的观点已然成为一种普遍的社会常识，这和客家人强烈的中原情结相比照，多少显得有点矛盾。

客家菜之所以选择倒向粤菜阵营，表面原因在于广东是客家人口最多也最集中的省份，根本原因则在于粤菜本身的向心力。我们知道，无论将中国的菜系分为"四大"抑或"八大"，粤菜都榜上有名。粤菜在国内的地位或许不如鲁菜，但在海外，由于历史原因，其知名度远高于其他菜系。这点，从英、日等外语饮食文化类词汇中吸收了大量粤语借用词便可管窥一二。

笔者认为，外界认可"客家菜属于粤菜"，更多是从行政层面做出的判断。如前所述，广东是客家大省，梅州、河源、惠州等客家大市无不隶属于广东。然就其他维度而言，"客家菜属于粤菜"的提法恐怕有名无实。最简单的，就是在所谓的"大雅之堂"中，我们很难见到客家菜。今人谈及粤菜，大多数人马上浮现在脑海中的，要么是广府菜，要么是潮汕菜。这固然有客家菜本身的原因。

多年来，客家菜一直停留在"农家乐"的刻板印象中逡巡不前，无论外界还是客家人自己，似乎也已习惯把客家菜当作"农家乐"。在一些人看来，似乎非得是形粗量大、重油多盐、肥脂香口的家常菜才符合传统，才称得上是客家菜。要之，客家菜虽然在名义上属于粤菜，但实际上走的是偏中低端的家常路线，过分看重经济实惠，一些客家菜师傅也缺乏创新的动力，墨守"咸烧肥熟香"的"客菜本色"，拒绝做出改变。非唯如此，别人稍有改良创新，辄冷眼相待、嗤之以鼻。如此一来，客家菜自然难登大雅之堂，创造不出较高的经济价值，于乡村振兴事业未能发挥其应有的作用。

笔者认为，建设"客家菜师傅"工程，首先需要打破对"客家传统"的盲目尊崇。坊间所谓的传统客家菜，其历史不过百年而已。翻遍光绪《嘉应州志》《石窟一征》《崇正同人系谱》等重要的客家史料以及清末民初客属地区残存不多的菜单、食谱，笔者并未发现有对"酿豆腐""盐焗鸡""梅菜扣肉"等今日所谓传统客家菜肴的介绍。毋宁说，在近代资本主义工商业港口城市兴起以前，遑论客家菜，就是所谓的"四大菜系""八大菜系"也都尚未成立。

实际上，我国菜系的构建与划分是十分晚近的事，是近代资本主义工商业发展到一定阶段的产物。从大类上说，粤菜也好，川菜也罢，统统属

117

于"江湖菜"类。江湖菜是今日餐饮文化的主流，它博采众长、雅俗共赏，既吸收了古代"宫廷菜""官府菜"的典雅和考究，又兼顾现代"百姓菜"的质朴与随和。客家菜自然也不例外。

就历史而论，"百姓菜"并不是客家传统饮食的全部内容，传统客家社会讲究"耕读传世"，"耕"只是为了满足最基本的生活需求，"学而优则仕"才是客家人的人生目标。一些传统的客家菜，看似庶民出品，实际胎动于官宦人家。以小吃为例，有清一代，广东省大埔县出了不少达官贵人，其中百侯镇的杨缵绪曾在雍正年间担任陕西按察使。据闻，杨缵绪在世时曾安排过几位贴身私厨随他一同返乡，这些北方来的厨师便把制作糕点、薄饼的手艺带到了大埔，后来几经演化，逐渐变成今日最驰名的客家小吃之一"百侯薄饼"。

然就比例而言，客家菜中类似"百侯薄饼"这样的"官府菜"所占的比例相对小，大多还是人们在社会物质生活条件提升以后对既有"百姓菜"的直线拓展和横向延伸，在选材用料、烹饪调理、摆盘装饰、名称内涵等方面皆纯白无奇。这与客家地区长期以来相对滞后的经济发展环境不无关系。毕竟，历史上的客家地区山多田少，交通落后，工商业基础薄弱，本地人口流出多、外来人口流入少，居民的主体是贫苦的农民。

如果说"耕读"是传统客家菜的基础的话，那么"工商"便是形塑今日客家菜风貌的关键。正是客家原乡相对贫瘠的地理环境和艰苦的生活条件，促使客家人不断地往外迁移，纷纷从农业转向工商业。尤其是在第二次鸦片战争结束、汕头开埠之后，下南洋打工、经商几乎成为全体客家有志青年的不二选择。从香港到东南亚，再到南美洲甚至非洲，举凡港口、码头、矿山、铁路……无处没有客家人的身影。这些人中，有不少后来成长为当地杰出的侨领，他们在反哺故乡、回馈桑梓的同时，也引领着故乡的饮食风向。越是华侨的故乡、越是靠近交通枢纽的地方，饮食文化越是多样、多变。

客家人与近代工商业的紧密联系，从历史上首个客属社团"旅港崇正工商总会"（1921年9月成立，"香港崇正总会"前身）的名称便可看出。除此之外，近代出资兴建国内首条民营铁路"潮汕铁路"的张煜南、张鸿南兄弟，近代"实业兴邦"的先驱者、张裕葡萄酒的创始人张弼士以及虎标万金油的创始人胡文虎等近代知名的侨领、实业家，许多都是客家人。

可以说，清末以来一代又一代外出的华侨、水客深刻地影响了客家族群的饮食习惯和结构，丰富了客家菜的内容。一方面，他们从异国他乡带回不同的食材和烹饪技术；另一方面，为迎合他们在水上长途漂泊、上岸后探亲访友的需要，又有不少新的客家美食应运而生。

至此，笔者想表达一个观点，客家菜的历史固然有可以追溯到古代中原的部分，其他民系的饮食文化何尝不是？强调客家菜"根在中原"也好，"属于粤菜"也罢，既不能凸显客家饮食的特点，也体现不出客家文化的任何优势。与其借粤菜之光或在历史虚无主义中找寻荣光，不如脚踏实地、虚心借鉴其他菜系及其品牌塑造的成功经验，努力提升技艺，规划未来。

笔者始终认为，"客家菜师傅"工程并不缺乏人才，也不怕后继无人，缺乏的是对客家菜的精准定位和前途考量。客家菜应当从粤菜中独立出来，自成一体，就像客家话和粤语一样平行、对等。这并不意味着客家菜要和粤菜彻底割裂，而是要摆脱行政区划的束缚，将江西、福建、台湾、湖南、四川、广西等各省市的客家菜统统容纳进来，扩大客家饮食的格局，丰富客家菜的内容。否则，实施"客家菜师傅"工程只能是各自为政，很难实现"打造经济发展新平台、助推乡村振兴"的初衷。

从内容方面说，客家菜一定要勇于革新，迎合时代的潮流。当代人的饮食需求，早已不是单纯的求饱、求营养，而是求意境、求文化。质朴天然、经济实惠的客家菜固然不会失去市场，但其产生的经济效益不大、服务地方的效果欠佳也是显而易见的短板。我们不能强求客家菜一下子走精品菜、高端特色菜研发的路线，但至少，我们可以适当从中低端的消费市场中走出来，完善客家饮食的体系，使之层次分明、丰奢简洁、无所不有。

实施"客家菜师傅"工程还有个值得我们思考的技术问题，那便是"边界"。同样的食材、同样的配料，调理到哪一步就算客家菜？决定一道菜是否属于客家菜的因素究竟在于烹饪手法，还是口感？是菜名，抑或餐具？客家菜自身有待完善的空间及其留给我们思考的空间，还有很多很多。

须知，任何传统文化都是创造出来的，没有什么是一成不变的。如前所述，今天我们看到的所谓传统客家菜，无非也就一两百年的历史。没有高端菜品的客家饮食文化是不完整的，也是走不远的。实现客家菜的高端化，除了提炼菜品本身的创新之处、烹饪技艺外，笔者认为可以从以下几个方面着手：

（1）健康：坚持质朴天然的本色，原汁原味，新鲜开胃；减盐减油。

（2）营养：选用符合现代人养生理念的、富于营养的高级食材，突破就地取材的藩篱，不必拘泥于食材是否产自客家地区。辣椒在明朝末年才逐渐传入中国，到今天何以成为川湘菜的特色？拉面本是中国的发明，何以日本的拉面在世界更为有名？

（3）美味：传统的客家菜偏重咸香、苦甘，在味觉系统上不够完善。在酸食、甜食、辣食方面尚无代表菜品；喜好熟食、主食，缺乏冷盘、前菜。口感上还有待开发利用的空间。

（4）艺术性：主要体现在造型和命名上。造型姑且不论，仅以名称为例，很多客家菜的命名以土俗见长，如"老鼠粄""鸡血粄""鸡屎藤"等，这些名称在推广的时候一定要考虑食客的感受，要做到雅俗共赏。毕竟，就像把"脑子"写成"脑屎"和"脑使"，把"肚子"写成"肚屎"和"肚笥"，造成的印象迥异的效果一样。食物的名称很大程度上决定了食客的胃口以及菜式的品位。

（5）故事性：深入挖掘、整理菜品的历史故事。比如，客家炒面与"太阳生日"的渊源。

（6）趣味性：将客家语言、建筑、音乐等文化融入高端饮食之中。

（7）情怀：餐具、杯具及用餐环境的营造。比如同样用筷子，日、韩均发展出与中国本土不一样的特色，客家菜如何不能？

（8）礼法：用餐的"夏事"（规矩）、吃法，可与中华传统礼仪、国学结合起来，加以填充、完善。

（9）视野："客家"本来就不是一个地域概念，在饮食方面，应该胸襟开阔、兼收并蓄、博采众长，要把自己的特色菜品与全国乃至世界连接起来。比如本书第二章所介绍的"粄"食和越南的 bánh 食，它们同为唐朝饮食文化的嫡传，可以对其进行适当整理、分类甚至融合。

笔者以为，实施"客家菜师傅"工程，归根结底就是要完成客家菜标准化的工作。而实现标准化的前提条件，就是实现客家菜的体系化。想要实现体系化，就不得不重新思考"何为客家菜"这个看似不言自明的问题。

任何饮食文化都是环境的产物，环境变了，文化必然要变，否则客家菜只会在全球化的大潮中被外地菜系彻底吞噬。倘若饮食文化不随环境的改变而改变，那它非但无法走出去，没法登上大雅之堂，就是在本乡本土也有可能失去立足之地。

总而言之，客家菜不应该只有经济实惠的农家菜，更要有能够代表南方甚至中国饮食的高端菜。客家菜不只是做给客家人吃的，更是做给全世界人吃的。在这方面，客都梅州应当有所担当、有所建树。

附录　客家话的拼读

本套拼音方案是笔者在前人基础上改良的《客家话拼音方案》。此方案力求通俗易懂、注音准确，已在课堂教学、社会实践等活动中推广应用多年，反响良好。在前著《客家话概说》《大学客家话教程》中亦已公布。本套拼音方案主要由声母表、韵母表和声调及其标记三大部分组成。拼音右边的中括号为该符号的实际音值（用国际音标表示）。

一、声母表

客家话的声母（小括号内的为例字）如下表所示：

b［p］（巴）	p［pʰ］（葩）	m［m］（妈）	
f［f］（花）	v［v］（娃）	w［w］（哇）	
d［t］（打）	t［tʰ］（他）	n［n］（娜）	l［l］（拉）
ny［ɲ］（惹）	y［j］（也）	ng［ŋ］（雅）	
g［k］（家）	［c］（姜）	k［kʰ］（卡）	［cʰ］（腔）
h［h］（下）	［ç］（希）		
j［ts］（挤）	q［tsʰ］（妻）	x［s］（西）	
z［ts］（资）	c［tsʰ］（此）	s［s］（斯）	

需要注意的是：

（1）w 声母和 y 声母的实质是半元音［u］（半辅音［w］）和［i］（半辅音［j］）。其中 w 声母只用于"喂""哇"等少数感叹词和语气助词，以及连音词（如"柚儿"连音变后读作 yiù wě［ju⁵³ we³¹］，"儿"字的发音从［ɛ³¹］变成了［we³¹］）。

（2）j、q、x 只是为了便于区分元音［ɿ］和［i］而虚设的声母，依次与 z、c、s 相对。当 z、c、s 与 i 相拼时，i 发［ɿ］的音；当 j、q、x 与

i 相拼时，i 发 ［i］的音。也就是说，zi、ci、si 和 ji、qi、xi 看似声母（头辅音）不同，其实是韵母（元音）不同。具体见下表：

汉字	知	挤	粗	妻	私	西
拼音	zī	jī	cī	qī	sī	xī
国际音标	［tsɿ^{33}］	［tsi^{33}］	［ts^{h}ɿ^{33}］	［ts^{h}i^{33}］	［sɿ^{33}］	［si^{33}］

当与非齐齿呼韵母相拼时，j、q、x = z、c、s。也就是说 jā = zā（渣），qā = cā（差），xā = sā（社）。但是，本拼音方案不采用 jɑ、qɑ、xɑ、jo、qo、xo、je、qe、xe、ju、qu、xu 这样的拼法。也就是说，j、q、x 这三个声母在客家话中只能与 i 以及含 i 的 iu、im、ip、in、it、iɑ、ing、ik 等韵母相拼，否则没有意义。

（3）声母 ny ［ɲ］只能与 ［i］相拼，如"月""惹""仪"等字的发音分别是 nyiàt、nyiā、nyí。以往的客家话字词典大多把 ny ［ɲ］当成 ng ［ŋ］的音位变体来处理，实际它们的发音位置是完全不同的。

（4）当声母 g、k 分别与以 ［i］音开头的 iɑ、iɑi、iɑng、iɑo、ie、io、iong 等韵母（i、iu、in、im 等例外）相拼时，［k］会腭音化变成 ［c］。［k^{h}］亦然，变成 ［c^{h}］。例如，"姜"字的实际发音不是 ［kjɔŋ^{33}］而是 ［cjɔŋ^{33}］，但拼音统一记作 giōng；"腔"字的实际发音不是 ［k^{h}jɔŋ^{33}］而是 ［c^{h}jɔŋ^{33}］，但拼音统一记作 kiōng。

（5）当声母 h 与 ［i］及含 ［i］的韵母相拼时，［h］会腭音化变作 ［ç］。例如，"希"字的实际发音不是 ［hi^{33}］而是 ［çi^{33}］，但拼音统一记作 hī；"兄"字的实际发音不是 ［hiuŋ^{33}］而是 ［çiuŋ^{33}］，但拼音统一记作 hiūng。

二、韵母表

客家话的韵母可分为单元音韵母、双元音韵母、鼻音韵母、入声韵母及特殊韵母（声化韵）五大块，具体如下表所示：

122

（一）单元音韵母

单元音韵母	例子	汉字
ɑ [a]	fá	华
o [o]	gō	哥
e [ɛ]	hè	係
i [i]	kī	企
u [u]	fù	富
-i [ɿ]	sí	时

需要注意的是：

（1）当 ɑ 构成鼻声韵或入声韵时，它的音值变为［ʌ］，如"山"字的发音为 sān［sʌn³³］，"坜"字的发音为 lǎk［lʌ²ᵏ］。

（2）当 o 构成鼻声韵或入声韵时，它的音值变为［ɔ］，如"安"字的发音为 ōn［ɔn³³］，"学"字的发音为 hòk［hɔ₅ᵏ］。

（3）e 听起来有点像英文字母 A 的读音，但实际上它的主要音值是单元音［ɛ］。当 e 构成鼻声韵或入声韵时，它的音值变为［e］，如"森"字的发音为 sēm［sem³³］，"食"字的发音为 sèt［se₅ᵗ］；当 e 连续出现时，它的音值变为［eI］，并且［I］会充当下一个音节的声母变作［j］，比如"洗矣"（洗了）的实际发音是［seI³¹ je¹¹］而不是［sɛ³¹ ɛ¹¹］。

（4）i 对应两个单元音，分别是［i］和［ɿ］，前者对应的汉字如"衣"；后者只能和辅音相拼，不能独立存在，故而没有对应的例字，写成拼音时为有别于［i］，用"-i"来表示。当 i 构成鼻声韵或入声韵且声母为 z、c、s 时，i 在该音节的音值为［ə］，如"织"字的发音为 zǐt［tsə²ᵗ］，"吃"字的发音为 cǐt［tsʰə²ᵗ］，"室"字的发音为 sǐt［sə²ᵗ］。

（二）双元音韵母

双元音韵母	例子	汉字
ai〔ai〕	lài	赖
ao〔au〕	láo	劳
eu〔eu〕	léu	楼
ia〔ja〕	yà	夜
iai〔jai〕	giài	戒
iao〔jau〕	yāo	邀
ie〔je〕	yé	耶
io〔jo〕	hiō	靴
iu〔ju〕	yiū	有
iui〔jui〕	yiuì	锐
oi〔oi〕	lói	来
ua〔wa〕	guā	瓜
uai〔wai〕	guǎi	拐
ue〔we〕	wé	喂
ui〔wi〕	tuī	推
uo〔wo〕	guò	过

（三）鼻音韵母

鼻音韵母	例子	汉字
am〔ʌm〕	sām	三
an〔ʌn〕	sān	山
ang〔ʌŋ〕	sāng	生
em〔em〕	sēm	森
en〔en〕	sēn	星

（续上表）

鼻音韵母	例子	汉字
on〔ɔn〕	sōn	酸
ong〔ɔŋ〕	sōng	伤
iam〔jʌm〕	kiām	谦
ian〔jʌn〕	kiān	牵
iang〔jʌŋ〕	kiāng	轻
ien〔jen〕	xiēn	先
im〔im〕	xīm	心
–im〔əm〕	zīm	针
in〔in〕	xīn	新
–in〔ən〕	zīn	真
ion〔jɔn〕	nyiōn	软
iong〔jɔŋ〕	yōng	央
iun〔jun〕	giūn	君
iung〔juŋ〕	giūng	弓
uan〔wʌn〕	guān	关
uang〔wʌŋ〕	guāng	桃
uen〔wen〕	guěn	耿
un〔un〕	kūn	坤
uon〔wɔn〕	guōn	官
uong〔wɔŋ〕	guōng	光
ung〔uŋ〕	sūng	松

（四）入声韵母

入声韵母	例子	汉字
ap〔ʌp〕	gǎp	甲
iap〔jʌp〕	hiàp	协

（续上表）

入声韵母	例子	汉字
ep〔eᵖ〕	lĕp	粒
ip〔iᵖ〕	xìp	习
-ip〔əᵖ〕	sìp	十
at〔ʌᵗ〕	măt	袜
iat〔jʌᵗ〕	giăt	洁
uat〔wʌᵗ〕	guăt	括
et〔eᵗ〕	mèt	密
iet〔jeᵗ〕	tiĕt	铁
uet〔weᵗ〕	guĕt	国
it〔iᵗ〕	xĭt	息
-it〔əᵗ〕	sĭt	室
ot〔ɔᵗ〕	gŏt	割
iot〔jɔᵗ〕	jiòt	嘬
ut〔uᵗ〕	cŭt	出
iut〔juᵗ〕	kiŭt	屈
ak〔ʌᵏ〕	gŭk	隔
iak〔jʌᵏ〕	xiăk	惜
uak〔wʌᵏ〕	guăk	啯
ok〔ɔᵏ〕	gŏk	各
iok〔jɔᵏ〕	xiŏk	削
uok〔wɔᵏ〕	guŏk	郭
uk〔uᵏ〕	gŭk	谷
iuk〔juᵏ〕	kiùk	局

（五）特殊韵母（声化韵）

特殊韵母（声化韵）	例子	汉字
m〔m̩〕	m̀	毋
n〔n̩〕	ń	汝

三、声调及其标记

客家话一共有 6 个基本声调，分别是：阴平（旧称"上平"，调值 33）、阳平（旧称"下平"，调值 11）、上声（调值 31）、去声（调值 53）、阴入（旧称"上入"，调值 2）和阳入（旧称"下入"，调值 5）。

各声调代表字例如：

（1）社（sā）、蛇（sá）、洒（sǎ）、射（sà）、晌（sǎp）、涉（sàp）；

（2）衣（yī）、姨（yí）、雨（yǐ）、裕（yì）、一（yǐt）、翼（yìt）；

（3）夫（fū）、扶（fú）、苦（fǔ）、富（fù）、福（fǔk）、服（fùk）。

如上所示，本方案不是采用五度制调号或数字调号的方法标记客家话的声调，而是使用和普通话一样的声调符号。其中，平声、上声和去声的标记方法与普通话的完全一样。对于元音音节，将声调符号标记在主元音的顶端，如"瓜"的正确拼法是 guā 而不是 gūa；对于无元音的特殊音节（声化韵），则将声调符号直接标记在字母的顶端，如"鱼""汝""吴"拼作 ń，"五""女"拼作 ň，以示区分。不标记任何调号的表示轻声。

考虑到入声音节的特殊性（发音短促，而且韵尾已经决定了其发音方式），直接将上声和去声的符号（ˇ）和（ˋ）挪移到阴入和阳入中即可。例如，"列"字普通话读作 liè，客家话多了个 -t 收音，拼作 lièt［lie˥］。

和其他语言一样，客家话也存在变调现象。概括起来，主要有以下 3 种情况：

（1）文读变调，指的是受官话声调的影响而变调。如"上""下""动"客家话本读第一声，但在"上海""一下""运动"等文读词中随普通话的声调变作第四声。

（2）词性变调，也叫"别义变调"，相当于古汉语的"读破"，指的是当一个字的词性发生变化时，声调也会随之改变。如"横"作名词时读第二声，变作动词时（意思是"摔倒"）读第四声；"交"作名词时读作 gāo［kau³³］，变作动词时读作 gào［kau⁵³］（意思是"换取"，今作"挍"）。

（3）自然变调，指的是为音律和谐而自然产生的变调。如"爸""阿爸"均读作 bā［pa³³］，而"爸爸"读作 bá bà［pa¹¹ pa⁵³］；"妈"字单独存在时读 má［ma¹¹］，而"妈妈"读作 má mà［ma¹¹ ma⁵³］。通常来说，当两个同声调的字重复出现时，就会出现这种变调现象。再比如"哥"字读作 gō［ko³³］，而"哥哥"读作 gó gò［ko¹¹ ko⁵³］；单个"流"字读作 liú［lju¹¹］，而"流流流流"却读作 liú liú liù liù［lju¹¹ lju¹¹ lju⁵³ lju⁵³］，汉字或作"流流溜溜"，形容汗如雨下的样子。

参考文献

1. 陈纪临、方晓岚：《追源·寻根：客家菜》，香港：万里机构·饮食天地出版社，2013 年。

2. 程金生、邹浩元编：《客家养生药膳》，北京：中国医药科技出版社，2014 年。

3. 崔岱远：《吃货辞典》，北京：商务印书馆，2014 年。

4. 高成鸢：《味即道》，北京：生活书店出版有限公司，2018 年。

5. 韩作珍：《饮食伦理：在中国文化的视野下》，北京：人民出版社，2017 年。

6. 何英著，沈在召图：《客家美食》，福州：福建少年儿童出版社，2016 年。

7. ［日］河合利光：《比較食文化論—文化人類学の視点から》，东京：时潮社，2011 年。

8. （清）黄香铁著，广东省蕉岭县地方志编纂委员会点注：《石窟一征》，梅州：广东省蕉岭县地方志编纂委员会，2007 年。

9. 黎章春：《客家饮食文化研究》，哈尔滨：黑龙江人民出版社，2008 年。

10. 林斯瑜：《民以食为天——梅州客家的饮食文化与地方社会》，中山大学博士学位论文，2015 年。

11. 罗鑫：《有关"粄"的历史人类学考察——基于汉字文化圈视野》，《汕头大学学报（人文社会科学版）》，2017 年第 8 期。

12. 罗鑫：《从认同的角度谈客家菜师傅工程建设》，《中国社会科学报（人文岭南）》，2020 年第 102 期。

13. ［美］玛格丽特·维萨著，刘晓媛译：《饮食行为学：文明举止的起源、发展与含义》，北京：电子工业出版社，2015 年。

14. 彭兆荣：《饮食人类学》，北京：北京大学出版社，2013 年。

15. 饶原生著，扬眉绘：《靠山吃山：大山窖藏的客家味道》，广州：广东科技出版社，2014 年。

16. 任韶堂著，王琳淳译：《食物语言学》，上海：上海文艺出版社，2016 年。

17. 宋德剑、罗鑫：《客家饮食》，广州：暨南大学出版社，2015 年。

18. 王增能：《客家饮食文化》，福州：福建教育出版社，1995 年。

19. 王学泰：《华夏饮食文化》，北京：商务印书馆，2013 年。

20. ［美］西敏司著，林为正译：《饮食人类学：漫话餐桌上的权力和影响力》，北京：电子工业出版社，2015 年。

21. 严修鸿、侯小英、黄纯彬：《梅州方言民俗图典》，北京：语文出版社，2014 年。

22. 庄祖宣：《厨房里的人类学家》，桂林：广西师范大学出版社，2018 年。

后 记

本书是笔者 2015 年的著作《客家饮食》（与宋德剑老师合著，广州：暨南大学出版社）的延伸和拓展，旨在以语言人类学、文化学的角度对客都梅州的饮食文化重新作一次梳理和介绍，为"客家菜师傅"工程的顺利建设添砖加瓦。

本书得以顺利出版，首先得感谢嘉应学院的各级领导和同事，以及大力襄助客家文化研究事业的梅州市梵米铝家居的张安发先生。还要特别感谢的是暨南大学出版社的杜小陆主任以及责任编辑。

罗 鑫

2021 年 10 月